漫画图解版

微行为心理学

吴兰芳　编著

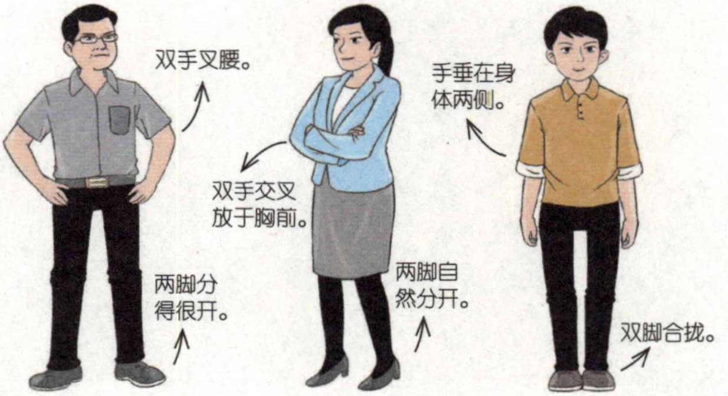

民主与建设出版社
·北京·

前　言

俗语说："人心难测。"看透人心这样的事情之所以不容易做到，是因为人善于隐藏，易使他人形成错误的认知。

微行为是心理学研究的重要内容，它是人类经过长期进化而产生的一种本能反应，能折射出一个人内心的真实意图。微行为作为人类的一种本能，不受思想意识的控制，不以人的意志为转移。在生活中，如果我们错误地理解微行为的含义，就会对交流对象形成错误的判断。

本书以漫画图解的形式，从身体小动作、个人小习惯等方面入手，选取日常生活中较为常见，也比较容易被人忽视的细节，以简洁、明快、幽默的语言进行解析，让你能够从表情信号、细微动作中发现有价值的信息。

生活中，你是否因为不了解他人的真实想法，而让自己的人际关系陷入尴尬？情场上，你是否因为不了解对方的真实内心，而遭受折磨？生意谈判中，你是否因为不了解对手的心理，而使谈判陷入僵局？职场上，你是否因为读不懂上司的想法，而使工作举步维艰……其实，改变困境，只需要理解对方微行为的真正含义。

本书能让你在看清他人微行为的同时，了解、调整自己的行为习惯，尽可能掌握人际交往的主动权。

目　录

|第三章| 排斥与接受

|第四章| 冲突与防御

|第五章| 紧张与放松

|第八章| 喜爱与厌恶

|第九章| 沉静与动摇

|第十章| 强势与软弱

第一章

性格初判

眼睛是心灵的窗口

疲倦、目光呆滞的眼睛。

炯炯有神、充满生机的眼睛。

和善亲切、有精气神的眼睛。

消极悲观、暗淡无光的眼睛。

在人际交往中，我们常通过眼神来判断一个人的心理活动。从生理角度来讲，人体的疼痛、疾病等都会引起眼睛的变化，而喜怒哀乐等情绪也会反映到人的眼睛上。统计数据表明，九成以上的信息都是通过眼睛获得的，同样，人类内心的大量信息也是从眼睛泄露出去的。

如果一个人为人正直、心胸宽广，他的眼神就会清澈而坦荡；而一个虚伪、心胸狭窄的人，眼神则显得阴险狡诈。志向高远的人眼神坚定执着，轻浮肤浅的人眼神则漂浮不定。性格内向克己的人眼神内敛，高傲自大的人则“目中无人”。学识渊博的人眼神中透出智慧，不学无术的人眼中则空洞无物。

男性的“管状视野”

酒会上，一男士看到迎面走来穿着时尚的女性，打量着。

管状视野是医学上的名词，是眼部出现某些疾病时的一种症状，指视野慢慢缩小。在心理学中，有学者用管状视野来形容某人看对方时，视野十分狭窄，只在某些部位扫视。

在一些社交场合，当男性与女性近距离接触时，男性有可能出现管状视野，即用眼睛扫视对方的身体，动作十分明显。这十分容易引起误会，被扫视的女性或是周围的人会觉得这位先生举止轻浮、心怀不轨。实际上，从生理学角度来讲，男性在近距离与人接触时，视野要小于女性，而女性的视野则相对宽阔，因此女性与男性近距离接触时，很少出现对男性身体，尤其是下巴以下的部位扫视的情况。

所以，当与女性近距离接触时，男性最好将视线移向远处，或是尽量拉开与女性的身体距离，以避免管状视野带来的困扰和麻烦。

注视背后的秘密

目光的凝视常常包含很多内容，对某一具体事物或人的注视可以证明感到好奇或感兴趣，也可以表示关注。当然，这种关注既包括积极的，如喜爱、爱慕等，也包括消极的，如一个人直视另一个人时，我们可以把这种注视理解为一方对另一方的威胁与管制，甚至是憎恨。

眉毛是心情的指针

C 走过来，看到 A 跟 B 正在说话，但不想打扰他们谈话，遂扬眉和 B 打招呼。

不同的眉毛动作可以起到丰富面部表情的作用，同时还能展现出一个人内心的情感变化。

压低眉毛是一种防卫性质的动作，当人受到侵犯时会做出这样的动作，以保护眼睛免受伤害。眉毛半放低则表示困惑不解，而完全下降则说明这个人要大发雷霆。

扬眉在很多时候表示打招呼。因为有时候，熟人见面并不会很正式地握手致意，而是仅仅点头示意看见了彼此。这种情况多出现在不方便长谈或寒暄时。扬眉的动作幅度较小，造成的影响也较小。

眉头紧锁的人内心充满了忧虑之事或因为无法解决一件事而陷入深深的困惑。眉梢上扬说明有好事发生，即“喜上眉梢”。眉头舒展的人一般处于怡然自得、舒心愉快的状态。

平时总是耷拉着眉毛的人，内心比较消极，对什么事情都提不起兴趣，不喜欢表达自己的意见，有些逆来顺受；而说话时神采飞扬，眉毛高高扬起的人，比较乐观，爱表现自己，喜欢凑热闹。

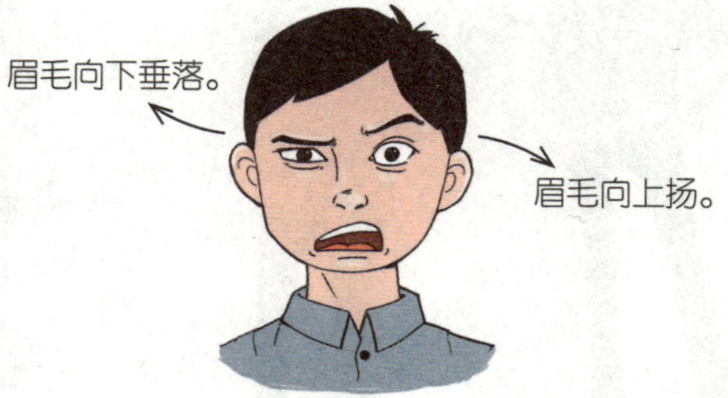

眉毛下垂的半边脸很悲伤，扬着眉毛的半边脸则显得十分惊讶。

小涛性格外向，他说话的时候，神采飞扬，眉毛高高扬起。

同样的咂嘴，不同的含义

在日常交往中，同样的肢体语言在不同的语境中可以表现完全相反的含义。咂嘴这个动作在日常生活中就十分常见，它可以根据不同的语言环境表达多种感情。

最常见的咂嘴是在品尝到美味的时候，这是舌头上的味蕾受到某种味道的刺激而出现的，这时咂嘴是对食物味道的肯定和赞叹。不过，咂嘴有时可以表现完全相反的含义，如厌倦、烦躁、不满意等。

花花吃到了最爱的冰淇淋，咂嘴感叹。

当你将辛苦多日完成的策划递到老板面前时，经过一段可怕的沉默，你听见老板咂嘴的声音，这时你就需要通过老板的眼神、表情等判断他是否满意。如果老板边咂嘴边点头，眼睛睁得很大，那么你的方案一定能通过；如果老板在咂嘴时皱了眉头，眼神中有困惑，你就要想好应对措施了，因为这说明老板对你的策划可能不太满意。

开会时，A 口若悬河地讲个不停，B 忍无可忍，咂嘴示意 A 停下。

奇怪的微笑

不同的人有不同的微笑习惯，这既受性格的影响，也受心态的影响。我们可以通过分析不同笑容之间的微妙差异来分析和了解一个人隐秘的内心世界。例如，开怀大笑常常是一种喜悦的体现，这不仅是发笑者喜悦的表达，也会给身边的人带来轻松的氛围。

开怀大笑

经常开怀大笑的人心胸坦荡，性格开朗大方，为人真诚直率，很受欢迎。

捂嘴微笑

女性有时为了表现矜持和优雅，会选择在微笑时用手轻轻捂嘴，这样的女性大多性格温柔内向，十分注重场合和自己的形象，同时对外界的戒备心理较强，不愿意过分显露自己。

勉强微笑

内心有尴尬、为难的事情时，即使微笑，也很不自然。

斜眼微笑

通常情况下的微笑，眼神真诚而平静。而当视线移向侧面，斜着眼睛微笑时，则会被认为是有意隐藏了秘密。

拉扯耳垂的毛病

大华对领导安排的新任务束手无策、毫无头绪，思考的时候不自觉地拉耳垂，觉得这样可以缓解焦虑。

我们常看到有人拉扯自己的耳垂，这种举动蕴含的意义很多，具体情况根据不同的交际场合而定。

1. 拉扯耳垂可以表示慌乱和焦虑。因为颈部、额头、鼻子和耳朵等身体部位比较敏感，在大脑皮层接收到刺激的时候，这些部位的神经率先开始响应，导致出现瘙痒等不舒服的感觉，人就会不由自主地触碰或挠抓，以缓解不适。

2. 人在撒谎时也会不自觉地拉扯耳垂。这是由于撒谎带来了脑部神经的紧张。如果你在讲话时，有听者做出这个动作，同时还表示同意你的观点，就需要辨别其真实性了。

3. 人在表示反对时也会拉扯耳垂。在听到与自己意见相左的说法时，人会用手拉扯耳垂，这可以简单地理解成“刺耳”。在做这个动作的短暂时间内，他可以整理思路，以便之后更好地反驳。

小强撒谎后不自觉地拉耳垂，眼睛低垂，眼神游离。

大东听到与自己相反的观点，拉耳垂以整理思绪，准备反驳。

人的神经系统庞大，四肢灵活，可以做出数不清的小动作，同时每一个动作都是受支配的，有道理可循的，即便是无意识的动作，也会体现一些具体的意识和思维。因此，把握小动作表现出来的细节，对于了解一个人或他当时的想法是很有帮助的。

手臂动作的情感体现

小孩尽情玩耍，手臂灵活舒展。

足球运动员射门得分后，非常喜悦和兴奋。

手臂动作的幅度可以反映一个人的心态和情绪，根据心情的积极与消极主要体现为活跃型的手臂动作和压抑型的手臂动作。当人心情愉悦、心满意足时，手臂动作的幅度较大，动作舒展自由。消极情绪之下手臂动作会受到不自觉的限制，畏畏缩缩。如一个人犯了错误，他的手臂和肩膀会明显地下垂，这是大脑对消极事件的反应。

此外，在身体某部位受伤或疼痛时人们也会收回手臂，使手臂缩到感到难受的部位，如胃痛时手臂会收到腹部。

职员劳累了一天，无力地耷拉着手臂。

胃痛患者，手臂弯曲收缩，捂住腹部，似乎这样能缓解痛苦。

手势表露自信程度

公司正在开会，高管在讲解的时候不自觉做尖塔式手势，其他人姿态各异。

手部的动作能够反映一个人的舒适和满意程度，体现出他对自己是否有足够的信心。

最常见的自信手势是尖塔式手势——双手手指分开，十指轻靠在一起，但两个手掌不接触，手的形状就像塔尖。一般对自己的想法或地位十分自信的人习惯于做这个动作。

竖起拇指也是高度自信的体现。这种动作还与一个人的地位高低有关，如总统、律师、教授等通常会在把手插进口袋或整理衣领的时候把拇指露在外面，这说明他们对自己的评价较高，或者对自己的现状感到自信和满意。相反，拇指放进口袋里而其他手指露在外面则是自信程度低的表现。

自信程度低的人手部动作表现为十指紧扣、搓手等，体现出一个人当下感到不舒适、没有安全感。对自己所说的话信心不足的人会减少手部的动作，手势一般比较拘谨、不自然。

站姿显露性格特征

人的站立姿势不尽相同，不同的站姿可以体现出不同的性格特征。

双手放在臀部的人比较自主，做事认真负责，拥有驾驭事情的能力。但他同时也有过于主观、顽固不化的缺点。

双手交叉放于胸前的人表现出的状态为乐观且胸有成竹，对自己做的事情充满了成就感，对未来也踌躇满志。

一只手放在裤袋里，另一只手放在一旁的人，性格复杂且多变，有的时候亲切友善，乐于与人相处，有时候却冷漠，拒人于千里之外。

双脚合拢，手垂在身体两侧的人比较诚实可靠，但循规蹈矩。这种人往往个性坚毅，不轻易向困难低头。

不能保持一个姿势，不停变换站姿的人一般焦躁不安，性格暴躁。这种人通常思想活跃，乐于迎接新的挑战，是典型的行动派。

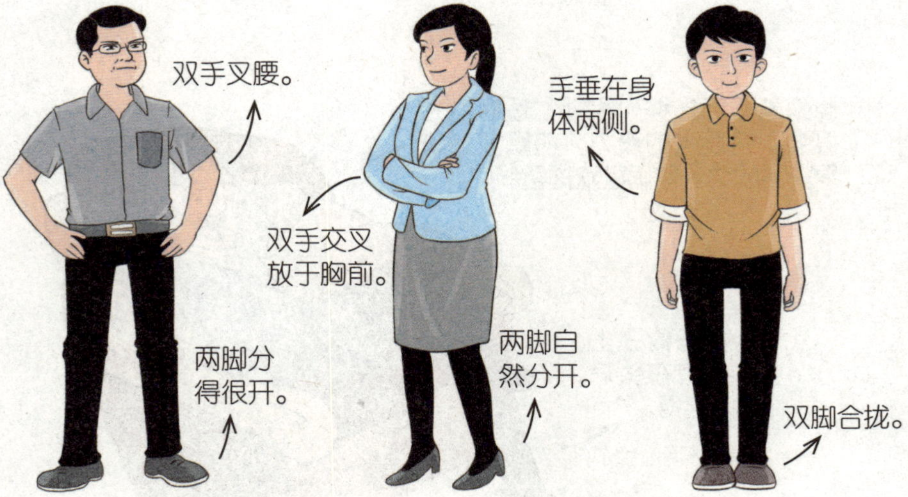

这种人比较强势，不容反驳，做事认真负责。

这种人表现出的状态为乐观且胸有成竹，对自己做的事情充满了成就感。

这种人比较诚实可靠，但循规蹈矩。

坐姿表露性格

坐姿可以表露一个人的性格。

古板型

悠闲型

这种人初看会给人一种容易亲近的印象，但事实上他们对人一般比较冷漠。

左腿放在右腿上，小腿贴近，手放在腿上。

冷漠型

这种人极易害羞，害怕交际。他们是保守的代表，观点一成不变，因循守旧。

膝盖并拢，小腿呈“八”字形，两手轻放于膝盖。

羞怯型

这种人喜欢新奇事物，喜欢标新立异。他们亲切随和，人缘很好。但有时他们轻浮的举止会给周围的人带来一定的困扰。

边说边比划。

两腿分开较远。

奔放型

男性的拥抱表达了什么

拥抱，是无声的身体语言，也是最简单、最直接表现爱的方式。

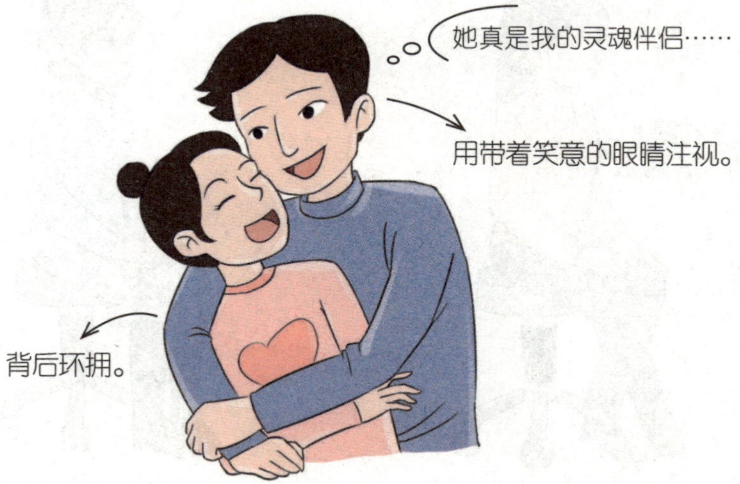

喜欢从背后环拥女人的男人，一般比较理性，他注重与女人之间精神上的交流，所以女人不用过分期待这样的男人会把甜言蜜语挂在嘴边，因为这种男人是典型的行动派。

如果男人用胳膊拥住女人的肩，表明他很小心，在观望女人的情绪。这样的男人尊重爱人，喜欢表达，不喜欢女人自顾自生闷气；面对被爱人冷落，他可能会误读为女人讨厌他。

如果一个男人出其不意地一把将女人拉入怀中，让女人的脸贴着他的胸膛，张开双臂紧紧拥抱她，其实男人是想告诉女人：“我很爱你，相信我，我会给你幸福的！”

第二章

重视与轻视

轻视时会不自觉皱眉

公司领导对某员工工作不满意，听到他做工作汇报时，不自觉皱眉。

有一些人在轻视别人的时候不是直接冷嘲热讽，他们会尽量克制自己的情绪，但当被轻视的人说话的时候，他们还是有一个不自觉的动作表现在脸上，就是迅速地皱一下眉头。而且在这个皱眉头的过程中，他会盯着那个被轻视的人，皱完眉头之后会把头转到另一个方向，目光也会离开说话者。

此外，这种人在这个时候还会把耳朵竖起来，听一听周围的人对说话者的评价，如果听到别人也给出负面的评价，他的眉头会舒展开来，嘴角会微微上扬。他这个时候的想法是："我说得没错吧，群众的眼睛是雪亮的，这个人真的不怎么样，不值得关注。"

眯眼或眼神游离表示漠视

眼神的传递，影响着人与人的沟通。

眯眼是眼神交流中表达不友好信息的方式。如果对方眯着眼看我们，传达的就是傲视和漠然的态度。

如果对方一边跟我们讲话一边时不时望向别的地方，我们会觉得他心不在焉，好像迫不及待要逃离这场谈话，对我们不尊重。

劝退的肢体语言表示轻视

每一种手势都有特定的含义，劝退类型的手势表示着一种轻视。比如，我们与对方谈话时，对方没兴趣，不愿搭理人，反复看手表、玩手机，甚至是打个哈欠，伸个懒腰，把双肘放在桌子上，或双手支在椅子的扶手上……如果是商务谈判中出现这种肢体语言，那么对方就是在说，这个项目他没有兴趣，他不在乎。

又或者你跟对方说话，他一直用后脑勺对着你，背对着你站立，要不就是身体斜靠在其他支撑物体上，双手平端抱在胸前，把一只手随意地放进衣袋，这些都是不在乎你的表现。

不尊重人的小动作

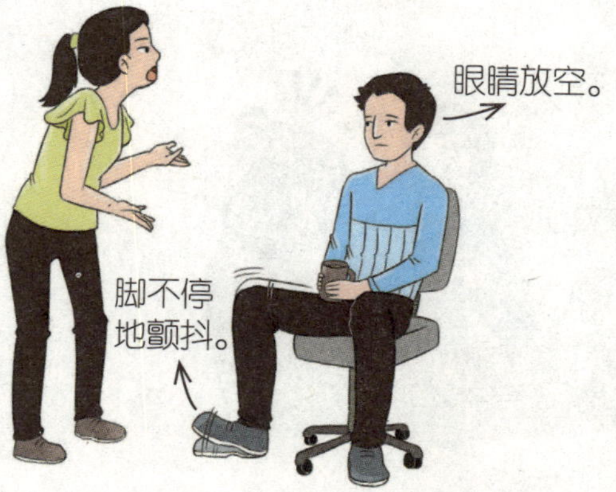

与别人交谈时脚不停地颤抖，会让别人认为你对谈话感到不耐烦。

与上司、长辈或新朋友坐着交谈时不要求正襟危坐，但是也不能跷二郎腿，或上下摆动双腿，因为这也是一种傲慢、不尊重对方的表现。

生活中，很多不经意的小动作都是不尊重人的表现。比如，在社交场合，男性握手时将女性的手捏得太紧、时间过长就是对女性的不尊重。参加朋友的宴会蓬头垢面，不修边幅，则是对朋友和宴会不尊重的表现，会让朋友反感。

对话中点头表示重视

球球去面试，一开始表现很好，面试官频频点头。当开始看她准备的文件时，双方都察觉到了不对劲，场面尴尬，原来她把文件搞错了。

在谈话过程中，我们会通过眼神、头部动作、脸部表情来表达对话题很感兴趣，并鼓励对方继续。比如，电视中的访谈类节目，主持人常会频频点头，示意对方继续说，眼神也一直注视着对方，表达关注。主持人适时回应简短的一两句，受访者会觉得自己说的话得到了肯定与重视，自然就滔滔不绝地说下去了。

不过，表示重视时点头的频率与时机要控制好，如果乱点头可能适得其反。头部端正，身体直立，自然流露出自信、诚实、精力充沛的精神面貌，在商务沟通中是传达正面信息的姿态。

触摸表达重视

触摸包括握手、拍头、拍肩膀、拍背、拥抱等方式，在不同的场合传递着对对方很重视这种信息。

第三章

排斥与接受

守住你的安全距离

陌生人之间应该保持一定的距离，小于安全距离（1 米），对方可能会觉得你不怀好意。

好朋友之间常常是亲密无间。

人与人互相接触的过程中，需要遵守一定的距离法则，不能太近，否则会闯入对方的个人空间；又不能太远，否则会让人觉得你故意疏远或是不好相处。关系不同，彼此之间需要保持的距离也不同。人与人之间的距离分为四种类型：公共距离、社交距离、私人距离和私密距离。

公共距离指在公共场合，可以说是陌生人之间应该保持的距离，一般在 3.5 米以上。

社交距离应该控制在 1.3 米以外、3.5 米以内，在这个空间范围内，适合商务对话、较为正式的社交谈话等，因为这个距离既不会使彼此感觉没有独立安全的个人空间，也不会因为距离太远产生沟通上的问题。

私人距离可以相对近一些，可根据关系的亲疏远近来灵活调整，如熟人之间可以在 1 米以内，有过几面之缘但彼此还不够了解的，则需要保持在 1 米以上。而亲人、爱人和好朋友之间则无须严格遵守这样的数值，他们之间可以亲密无间，他们之间的距离即私密距离。

抿嘴微笑：温柔的拒绝

哪种微笑能够代表拒绝呢？答案是抿嘴微笑。抿嘴时双唇紧闭，嘴角向上提，眼神宁静。这种微笑不会给人不舒服的感觉，同时能表达出无奈和遗憾，仿佛在说“不好意思，我没办法做到”或是“对不起，我不能这样做”。

一些人在公共场合或接受采访时被问及不愿回答的问题时，常会抿嘴微笑，但是笑而不语，这就是在告诉对方“无可奉告”。

生活中，当你遇到某人为了讨你开心做了某件事，而这件事并不使你开心，你又不知该如何拒绝或是不好意思拒绝时，就可以抿嘴笑一笑。

鉴别真诚与虚假的笑容

真诚的愿意接纳的笑容与虚假的表示抵触和排斥的笑容有着很大的区别。实际生活中，我们可以通过细致的观察和分析来判断对方隐藏在笑容背后的真实意图。

在表示真正的赞同和接受时，有两种微笑较为常见。一是微笑的同时频频点头，这表明此人听到他人的讲述引起了共鸣；二是嘴角的肌肉不受控制地放松，也就是咧开嘴笑，这是此人听到一个明显令自己深有感触的点时，毫无戒心地笑起来。

如果倾听者在听话过程中露出短暂的微笑，同时将脸部扭向侧面，说明他的内心想法与说者所讲并不一致，他可能是将自己列入了局外人的范围，不愿参与讨论，但也没有必要即时反驳，因此露出一种敷衍的微笑。

不过，并不是所有不真诚的笑容都是欺骗，笑而不语在很多时候也是十分重要的。

眨眼速度慢：不愿看

人在看到自己不愿看到的人或事情的时候，大脑会发出排斥的信号，从而支配上下眼睑接触的时间变长，企图阻止眼前的画面进入视线。

人在悲伤绝望的时候，眨眼速度也会变慢，通过这种方式来缓解紧张的神经，尽量稳定自己的情绪。

正常人在放松的状态下，眨眼的时间十分短暂，只有1/10秒，如果出于某种原因刻意减慢眨眼的速度，会产生不同的效果。

如果在交谈过程中，你的交谈对象有这样的动作，那么可以说明，他对你的话题内容毫无兴趣，对你本人也不够尊敬，他内心对你产生的排斥促使他通过闭眼来缓解你带给他的不快，他显然不希望你再出现在他的视线之内。

噘嘴：不只是卖萌

小孩的噘嘴可以表现可爱和活泼，也可以表现内心的不情愿。而家长的噘嘴加上皱眉，往往是在否定和制止小孩的某些行为。

噘嘴这个动作可以表现性感、娇嗔、可爱和活泼，也可以表达不满。在日常的交际中，成年人有时也会用噘嘴表达内心的不满和生气，而有这样动作表情的人通常会被认为是不谙世事的年轻人，或是十分任性的人，因为这种表达排斥和拒绝的动作十分明显，有着丰富社会交往经验的人不会将自己的喜怒哀乐表现得这么淋漓尽致。然而，在不满或是不情愿接受某事时，即便是八面玲珑的社交高手有时也会在最初的一秒钟做一个极难捕捉的噘嘴动作，这是内心情绪的真实体现。

双手插兜表示想要拉开距离

很多人习惯将双手放进口袋，但这个动作有可能让别人觉得你是一个傲慢、冷漠的人。因为这个动作代表自我封闭，收回的两手好像在告诉别人：我不想和其他人接触。

在正常的交际场合，将双手拿出来，这样可以随时与人握手，也可以远离“我很转”的刻板印象，让大家感觉到你十分具有亲和力，这样可以扩大你的交际圈，认识更多的朋友。

碰触手部可以拉近距离

在与不太熟悉的人或者陌生人接触时，如果有一方主动碰触一下对方的手臂或者肩膀，那么两个人的距离就会自然拉近。这种距离的拉近对两人之后的交往非常有利，会使他们之间的合作更容易成功。

不过，碰触陌生人的时间和尺度必须把握得恰到好处，如果碰触或者握手的时间过长，会使对方产生不适感，觉得自己被冒犯了，反而对你产生不好的印象。

握手是陌生人初次见面时很好的碰触对方的方式，手部的接触可以给人更好、更深刻的印象。

正常情况下握手的时间不应超过 3 秒，在碰触手部时最好只把接触部位限制在小臂到手肘的范围。

第四章

冲突与防御

叉腰：冲突的预兆

愤怒是引发言语冲突、肢体冲突的直接原因，在动手之前，双方往往有示威的动作。比如，冲突双方都会尽量地抬头挺胸，挺直腰板，打开肩背，一是显示自己的理直气壮，二是能让自己显得高大，从而从气势上压倒对方。

对峙状态中，还常可见双手叉腰的动作，这个姿势也是肢体上的准备和辅助，因为将双手叉在腰间，可以扩大自己所占的空间，显得自己的势力更大一些。同时，叉腰也是对双手的有效控制，因为正常情况下，没有人愿意成为先出手挑起事端的人。

挑衅与迎接挑战

挑衅是动手之前的一种常见行为。通常情况下，自认为势力较强的一方希望采用打斗的方式尽快取得胜利，因此会使用言语、动作等激怒对方，希望对方愤怒并接受挑战。

挑衅者常常会高高扬起下巴，上眼睑向下压，目光中充满不屑与鄙夷，也就是我们俗话所说的不用正眼看人。挑衅手势多是大拇指向上，意指自己，说明自己高高在上。挑衅者会用鼻子轻微但快速地呼气，也可以发出类似“啐”的声音，这就是我们常说的嗤之以鼻。

而迎接挑战一方的常见动作是调整身姿，坐着的人可能会立刻站起来；站着的人会调整双脚的位置，使自己站得更稳，或是握紧拳头，准备回击。

脱掉外套的人

有这样一个案例，两名男子因为小事起了争执，他们互相攻击的过程十分具有戏剧性——赤裸着上身，像大猩猩一般互相撞击着胸部。

心理学家分析，男性的胸肌代表了强壮、勇猛和力量。他们在打斗过程中将自己的胸膛露出来是在向对方显示自己的力量，可以理解为一种示威。此外，人在承受压力的时候，呼吸强度和深度都会加大，这就使得胸膛起伏收缩的幅度增大，也会显得人更加坚实有力。另外，服饰的复杂性会在双方打斗过程中限制动作和力度，因此，脱掉外套也是希望自己能够全身心地投入。

在日常交际中，如果有人要大打出手，但受到条件或环境的影响，不能肆意脱下上衣，他可能就会将这种动作做象征性的改变，那就是挽起袖子。

手的动作表达

对别人伸出大拇指表示赞美和认同，而当大拇指朝下时，则说明是在鄙视对方。

一般而言，将手指指向具体的对象，是对该对象的极度不满和责骂，同时表明做这个动作的人态度非常强硬。

手指的灵活程度令人惊叹，很多时候被人用来表达情绪。例如，对别人伸出大拇指表示赞美和认同，而当大拇指朝下时，则说明是在鄙视对方；如果将食指指向具体的对象，则是对该对象的极度不满和责骂，同时表明做这个动作的人态度非常强硬；用指关节用力敲打桌面时，则表示极大的愤怒，这是上级批评下级时常用的手势，以表现自己的愤怒，并警示下属；如果用手掌拍打或是用拳头捶打某处，则是在明显地告诉他人，他处在愤怒的状态中，他在表达不满，也是在发泄自己的情绪。

用手掌拍打或是用拳头捶打某处，是在明显地告诉他人，他处在愤怒的状态中，他在表达不满，也是在发泄自己的情绪。

人的躲藏行为

躲藏是人在遇到危险时的下意识行为，选择的阻挡物可能是某种东西，也有可能是熟悉可信的人。有时，即便是在没有危险的情况下，人也会躲藏起来，或掩面，或转身，这种行为也是孩童时期恐惧感和害羞感的延续。

长大以后，人的胆量和勇气增加，躲藏行为就变得没那么明显了。

通常情况下，越是正式的、不熟悉的场合，对象越是陌生，人潜意识里的躲避欲望就越强烈，但是受理性控制的建立更大交际圈的欲望战胜了这种潜意识。因此，越是善于社交的人，越是能够有效把握和控制这种躲藏行为。

熟练的遮挡动作

人在陌生环境中常会感到不安，就会下意识地挡住自己身体。例如，身体向后退，将手臂或手掌挡在身体前面，形成一个暂时的“栏杆”；女性通过调整挎包的位置、整理披肩或围巾的造型等做出遮挡的动作；某人穿过一处人群密集的地带，在走路的同时，来回摩擦掌心，像是在洗手一样，这也是一种对直接遮挡动作的改造。

很多情况下，完全的遮挡动作是做不出来的，它会受到很多因素和场合的限制，而不明显的遮挡动作可以隐藏在其他动作之下，往往更容易被人们运用。

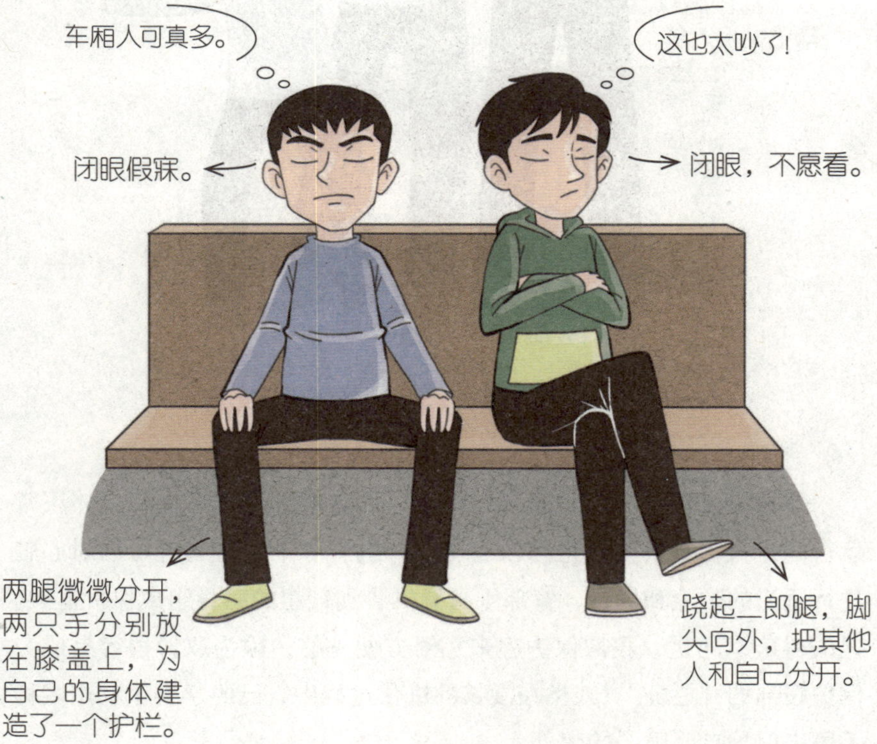

抱臂防御

在拥挤的地铁里，很多人习惯抱住自己的双臂，
以防被别人撞到。

腹部可以说是人体最脆弱的地方，因为腹部包含了保障人体正常运行的绝大多数器官，但却没有骨骼。胸骨和十二对肋骨可以对心脏进行适当的防卫和保护，背部则有脊椎骨和较粗的肋骨组成保护框架。但值得庆幸的是，腹部保护起来相对方便一些，因为双臂很容易成为保护腹部的“栏杆”。人类在漫长的进化过程中，已经学会了利用多种手段来保护自己脆弱的腹部。

抱臂是保护腹部十分有效的姿势，可以不受时空的限制，也可以用手中或近处的其他物体代替，具有很大的灵活性。

抱臂防御姿势分为积极和消极两种。积极的防御状态是做好战斗准备，即挺直躯干，双腿稳固跨立，脚掌舒展。这种防御姿势是较为自信和强势的人经常采用的，会增强人的气势和威慑力。而消极的抱臂防御则是某人遭到较大程度的威胁，产生了恐惧、紧张等消极情绪，脊柱会尽量弯曲，头部低垂，缩肩。这些动作也说明他害怕冲突的发生。

象征性阻断

当人将手放在额头处遮住额头或眼睛，或是用手来摩擦额头或眼部的皮肤，实际上就可以理解为他是在阻挡自己的视线，阻断外界对自己的关注。

嘴部的阻断反应大多是针对自己说过的话或是发出的声音而言的，也可以适当地表达惊讶或是恐慌，表现为迅速用手捂住自己的嘴巴。

脸部的阻断行为，即将脸部用手遮起来，除了可以表达自己不敢相信或是不愿相信的心理状态，也可以表达无奈和自责，认为自己无颜面对眼前的人。

阻断反应指在面对不愿见到的、不喜欢的、不信任的刺激源，而又无法逃离时，做出的分隔自身与刺激源的行为。

眼睛的阻断反应最为常见，只要将眼睛闭上，就达到了最简单的阻断，也就是我们所说的俗语：“眼不见为净。”

第五章

紧张与放松

紧张时眨眼频繁

正常人每分钟要眨眼十几次，如果一个人眨眼次数过多或频率过快，则属于不正常的现象。

造成眨眼频繁的原因有很多，如眼内有异物进入或者阳光过强。排除这些原因，非正常情况下的眨眼过于频繁则要注意是否有心理压力或者过度紧张。很多人在紧张或者注意力过于集中时就会频繁眨眼，这种眨眼不受自身控制并且没有规律性。

小林排队面试，非常紧张，快到自己时，控制不住地频繁眨眼睛。

缓解紧张时的呼吸加速

李华第一次参加演讲比赛，候场时过于紧张，心跳加速。

人在感到紧张时，会心跳加快，从而使血液循环加速，新陈代谢也随之加快，因此需要更多的氧气，导致呼吸变快变浅。紧张时的呼吸加速虽然是常见现象，但如果不及时进行调节，甚至有可能引起呼吸性碱中毒，出现头晕、目眩、胸闷、气短等症状。

在紧张时应该顺着自然的呼吸节奏，逐渐让过快的呼吸减慢。正确的方式是采用腹式呼吸，吸气时使腹部逐渐鼓起。吸气和吐气的时间保持 2∶3 的比例，即两秒钟吸气 3 秒钟吐气，或者 4 秒钟吸气 6 秒钟吐气，这样使呼吸时间延长，使心跳慢下来，调节气息，缓解紧张情绪。

紧张的面部表达

厌恶、反感、不悦、恐惧和恼怒等消极情绪会使人产生紧张的感觉。这种紧张感会通过不同的途径表现出来，最常见的是通过脸部表情的变化来表现。当人感到紧张时，脸会呈现出这样一种状态：咬肌收缩、鼻孔扩张、眼睛眯起、嘴巴颤动或者紧闭嘴唇。紧张时人的目光会锁定在某个点上，而脖子也是僵直的状态。

即使我们知道咬肌收缩是一种紧张的信号，但生活中也往往不那么容易注意到这一点，因为社会习俗教导我们，与别人交谈时不要总盯着别人看，这是不礼貌的行为，而且我们往往更关心人们说话的内容，而不关心他们说话的方式。

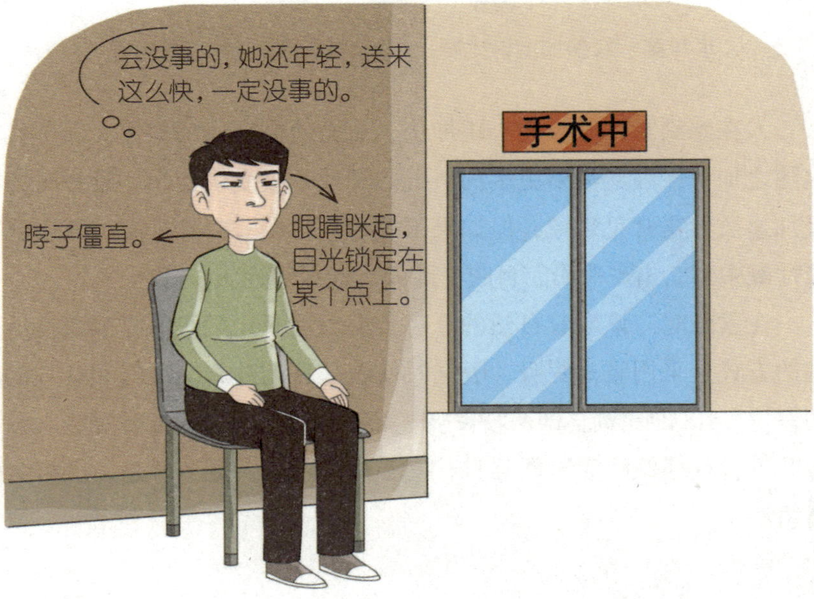

小陈的女朋友出了车祸，及时送医院进行手术。他等在手术室外，紧张得手脚冰凉，一动不动。

焦虑时的手部表现

法庭审案过程中，当提到一些敏感、尖锐的问题时，
嫌疑人焦虑紧张。

当人的信心动摇，产生怀疑，感到紧张或者焦虑时，双手就会十指交叉紧握在一起形成祈祷状。发生重大的事件或者变故时，人们也习惯将手指交叉紧扣。随着手部动作力度的加大，手指的颜色会发生变化，局部皮肤会变白。

一些性格内向、容易害羞的人，在公共场合演讲或者说话时，很喜欢搓动双手来缓解压力。这种动作会给听者留下不好的印象，显得缺乏自信，使他演讲的内容和观点缺乏说服力。有这种习惯的人可以通过一些方法来锻炼，改掉这个搓手的习惯。比如，在私人聚会的场合，可以用手自然地捧着杯子，或者将双手交叉放在腿上，强迫自己做一些其他动作，有意识地克制搓手。

紧张时的咀嚼和吞咽

吃是人类最基本的需求之一，不管吃的是什么，有东西吃就意味着不会挨饿，可以生存，因此，做出吃这个动作会使人感到很满足、很愉悦。在人际交往过程中，人在感到紧张时通常不可能随时随地拿东西来吃以缓解情绪，更多的情况是会做出吃的变形动作，如磨牙、咀嚼（如嚼口香糖）、咽口水或喝水等。

紧张和焦虑时不停地吞咽口水，一方面是因为紧张导致唾液分泌增多，另一方面是因为吞咽的动作可以向大脑传达正在吃东西的信号，从而起到安慰的效果。此外，在交谈过程中，如果一个人被问到不好回答的问题时可能也会做出磨牙的动作，最常摩擦的是上下犬齿。这个动作带着一种强势的意味，因为这个动作来自动物在捕食时的磨牙准备，意思是“一切都在我的掌控之中”。因此，这个动作也可以缓解紧张的神经，使人感到放松和安慰。

运动员在上场比赛之前嚼口香糖来缓解压力。

某嫌疑人在接受测谎过程中，频繁吞咽口水，神色紧张。

把玩饰物代表心神不宁

在感到紧张时，由于血液流动加快，会使神经比较敏感的脖颈和耳朵感到不适，于是人就会用手去抚摸脖子或者拉扯耳垂。而女士往往由于佩戴着饰品不方便做出这些动作，因此用拉扯项链、转动耳环等小动作代替。

比如，一位等待接见的年轻女士，反复将自己手镯的钩子松开又扣上、扣上又打开，其实这个钩子一点问题也没有，手镯也好好地在手腕上戴着。她不停地摆弄钩子反而有可能将手镯弄坏。因此，她的这个动作并不是真正的整理装扮。她做出的动作与手镯真正松开需要扣紧时的动作完全不同，也与梳妆打扮时戴上手镯的动作不同，这明显是一种替代行为。

有经验的人一看到这位女士的动作就能了解，她反复摆弄手镯表明内心紧张不安，她心里十分期待得到接见，但同时又感到紧张害怕，想从那个地方逃走。

琳琳负责的项目出了大问题，在办公室外等待宣布处分时紧张不安。

身体放松时的姿势

人在紧张时身体会以各种方式表达内心的焦虑不安，而在放松状态下的身体似乎不那么有指示性。比如，人在坐着的时候，最为自然的状态是将双腿自然打开。双腿向内并拢代表拘谨和内向，是为了减少身体被他人审视和挑剔的面积；而夸张地张开腿则是一种强势的表现，是为了标示个人领地或者表达挑衅的态度。

人在站立时，双腿并拢直立是较为费力的，这是一种正式场合的站姿。在社交场合中，如果一个人感觉很放松、跟他人的关系比较融洽，他会采取一种打破身体平衡、重心在一条腿上，但十分舒服的姿势站立。如果受到威胁，这样的姿势是不利于立刻逃跑的，因此做出这样动作的人一定感到十分舒适或者自信。

小于参加公司会议，身体不自觉地紧绷。

小于在海边度假，整个人都很放松。

第六章

压力与惊恐

压力下的安慰行为

小黄下班后常给父亲按摩肩膀，父亲很开心。

研究表明，心情会影响皮肤的健康，紧张、焦虑等消极情绪可能引起应激反应，甚至造成内分泌失调，诱发或者加重皮肤病。相反，皮肤受到的外界刺激也影响着人的神经系统和心理状态。这是因为皮肤中分布着很多神经末梢和神经纤维，可以将受到的刺激传回中枢神经。积极的刺激（如抚摸）可以使人感到愉悦，而负面的刺激（如疼痛）会使人产生警觉并立即做出反应来躲避。

皮肤和神经系统的相互影响，使人们在感到压力时，学会了通过触摸来进行自我安慰。儿童时期，母亲的爱抚可以使孩子感到安全和舒适，对儿童的心理塑造和性格形成起到积极的作用。长大之后与亲密的朋友、爱人之间的肌肤接触，可以表达内心情感，并使人感到被接受。老年时期，子女若经常帮老人按摩、擦洗，老人就会比较开朗快乐，而不易变得古怪和孤僻。

鼓起脸颊，然后轻呼一口气也可以释放掉内心的一部分压力。有时通过声音也能起到自我安慰的作用。有些处于压力状态下的人会不断地打哈欠，其实这也是一种自我安慰的方式，紧张会导致口腔干燥，而哈欠会促进唾液的分泌，从而缓解紧张造成的口干。

小弛学习压力大，做题时轻呼一口气，觉得轻松了很多。

阿翔工作压力大，通过不断打哈欠，使口腔唾液分泌，压力也有所缓解。

凡凡夜晚走路感到害怕，通过哼歌来使自己平静。

眼睛的保护行为

眼睛是脸部最灵活的部位，在进化过程中，眼部的肌肉得到了改良，能更好地保护眼睛免受伤害。

眼睛的平滑肌控制瞳孔的放大或缩小。平滑肌由自主神经控制，不是人的意识所能改变的，因此瞳孔的放大和缩小完全是对外部刺激（如光线强度）和内部刺激（内心情感）所做出的反应。

当人看到自己喜欢的事物时，瞳孔就会放大，以便获得更多的信息；而当人看到不喜欢的事物时，瞳孔则会缩小，以避免看到过多的内容。不过，由于瞳孔比较小，扩大和缩小的过程又比较快，所以很难观察。

娜娜看到喜欢的男生，眼前一亮，喜悦之情溢于言表。

审讯期间，嫌疑人看到与案件有关且对自己不利的图片，情绪变得消极，潜意识里不想看到这些图片。

压力之下双手背在身后

压力之下，一些人会将双手放在背后。手在背后有两种形式：双手紧握；一只手拉着另一只手的手腕或手臂。前者会让人获得更多的自信和力量，会显示人的权威；后者则体现出这个人内心的不自信和挫败感，他希望利用这个动作来找回控制感，因为一只手紧紧抓住另一只手的手腕或者手臂，可以阻挡和防御外界的伤害。

项目负责人正在给奇奇安排工作，奇奇总觉得这个领导气场很强，每次见他都莫名觉得有压力。

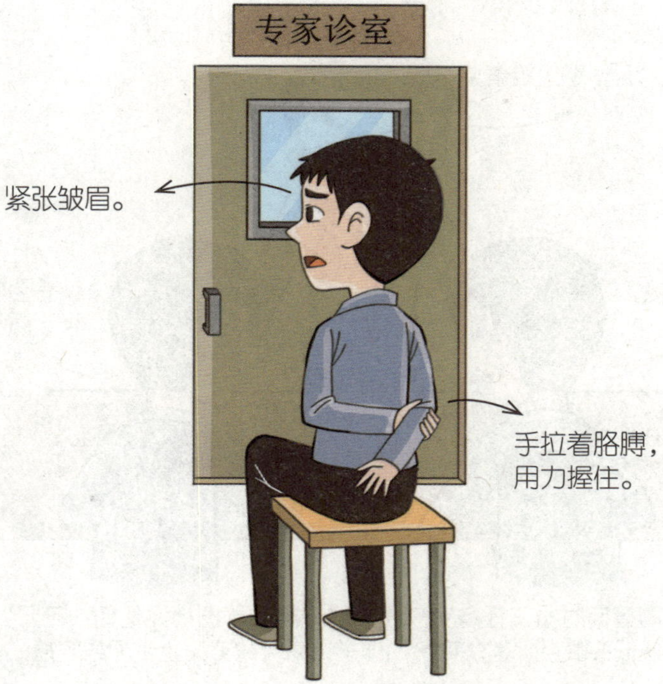

小牧在候诊室里等待医生检查，双手放在背后，
内心感到紧张和焦虑。

咬嘴唇隐含的负面情绪

有的人因为一些先天或是后天的因素导致性格内向、自卑、敏感，常常感到紧张，生怕自己的过失给他人或群体带来损失，便会下意识地咬嘴唇。

有的人因为工作、生活压力比较大，又无法有效缓解压力，也常常会咬嘴唇。

有的人在陷入思考的时候会不自觉地咬嘴唇。

有的人做错了事，咬嘴唇就成了一种自我惩罚的措施。

咬嘴唇的具体原因可根据人的不同性格和所处环境确定。

公司高管面对员工任务完成得不好，准备严厉批评他们，可看到下属们低头顺目、楚楚可怜的样子，高管欲言又止，无奈叹息。

小宇在工作上犯了严重错误，十分自责，他坐在办公桌前，陷入思考。

受到惊吓时身体僵直

篮球运动员在激烈的争抢中将球扔到了观众席，沙沙看到球向自己飞来，身体僵直。

远古时期，与人类共同生存的有许多大型的食肉动物，这些动物在速度和力量方面比人类要强大。人类在这种艰难的环境中找到了生存的方法，在面临危险时，首要的防御战略就是冻结反应。因为很多动物，尤其是食肉动物对移动的物体很敏感，因此一旦试图逃走，它们就会立刻扑来，保持静止反而是安全的方法。

除此之外，静止不动还能够为身体保存能量，以便获得更充足的时间去观察周围的环境，从而能够把握时机及时脱离危险。

这种冻结反应延续至今。比如，当一个人被问到难以启齿的问题时，会在座位上静止不动。心理在受到负面刺激，如听到不好的消息的时候，人也会出现暂时的身体冻结反应。

惊恐之下的呼吸控制

一少年被仇人追杀，躲在草丛之下，抬头看见仇人提着剑靠近，赶忙屏住呼吸。

压力和惊恐之下，人会下意识地控制自己的呼吸，就像俗话所说的大气都不敢出，即屏住呼吸或者降低呼吸的频率和强度。如果呼吸的频率和强度增大，则说明能量储备在增加，准备采取行动，不仅仅是身体上的行动，还包括思考和语言的。运动越剧烈，呼吸的频率就会越高，幅度也越大。

人在吃惊时的本能反应是吸一大口气，以备不时之需。但是在感到恐惧，由于一些外部因素既不能逃走也不能反抗的时候，就会屏住呼吸或者将呼吸减弱。

这种减弱呼吸的做法是人类漫长的进化过程中留下的躲避危险的本能。动物在争斗时，弱势的一方如果无法战胜强势的一方就只有逃跑，或者隐藏自己。在隐藏的时候，如果呼吸过于强烈，呼吸的声音就会暴露自己的位置，从而将敌人吸引过来。

呼吸反应也可以用于审讯中，如果讯问对象在听到某个问题时呼吸突然减弱，甚至停止，则说明这个问题使他感到了不安和恐惧。这说明问对了问题，可以将这个问题作为突破口，继续进行有效刺激，以达到目的。

手部约束：不知所措

站在舞台上的人，心里都有一种担忧，担心自己不被观众喜欢或者得不到观众的肯定。这种希望被接受的压力就表现在了人的身体动作上。当然，脸上可以刻意做出轻松自信的表情，双腿反正需要站直，于是心理的紧张和压力就全部集中到手臂上来了。这种情况下，双手往往会不知放到哪里好，于是就像被冻住了一样，非常拘束地放在身体两侧。

还有一些比较隐晦的约束双手的动作，这些动作看起来都有着合理的原因，而且可能显得比较潇洒。如双手插进裤兜，或者一只手拿着东西，另一只手插进裤兜。

不过，对自己感到很自信或者对目前情况具有掌控感的人，动作就不会被约束。如很有经验的主持人就不会在舞台上手足无措，因为他知道自己已经被观众认可了，这个舞台是他的地盘。

然然上台表演节目，很怕表演时出错，主持人介绍到他时，他双手拘束地放在身体两侧，眼睛不知该看哪儿。

遇到压力时的双脚相扣

人在感到压力时，往往会减少自己腿部的动作，产生腿部冻结的反应。

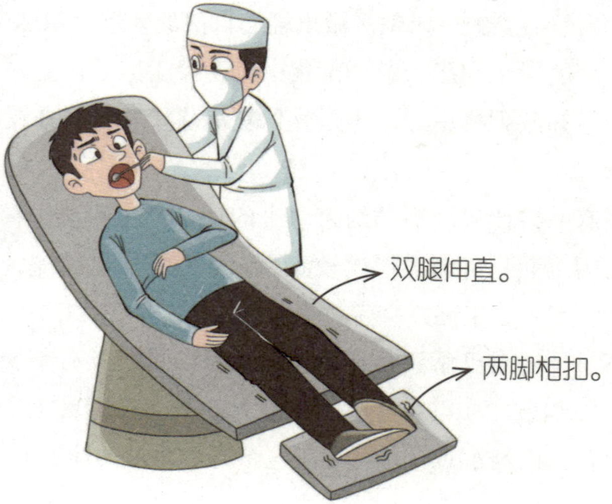

元元躺在治疗椅上，看到牙医操作器械，感到十分紧张。

小侯和客户谈合作，在客户提条件时，感到压力巨大，桌下的双脚不自觉地紧扣。

在站立时，感到有压力的人会将肌肉绷紧，双腿并拢挺直。面试、正式的演讲、接受批评或训斥等，这种情况下既不能逃跑也不能彻底放松自己，自然不会做出叉开双腿或者斜靠在某处的随意站姿，通常会浑身绷紧，克制想要逃跑的冲动，被动地接受压力。

坐姿中最常见的脚部冻结动作是，将双脚紧紧并拢或双脚相扣，使它们不能随便乱动。在交谈中，如果谈话对象将双脚紧扣并慢慢移到椅子底下，这时候他往往感到了压力，想要隐藏双脚，将自己身体暴露的范围减少到最少。而如果一个人非常投入地谈话，他的双脚会自然地伸展。

爱收藏玩具的成年人

小北习惯一边工作，一边摆弄自己的玩具，这让他感觉很放松。

小孩子喜欢玩具，我们不会觉得奇怪。原因很简单，小孩子对外在的一切事物都充满了好奇心，一些花花绿绿的玩具自然会吸引他们的目光。但是，许多成年人也爱收藏小时候的玩具，这是怎么回事呢？

成年人的这种行为是出于减压和补偿童年心理的目的。现代社会生活节奏快，工作压力大，成年人如果无法找到合理的方式来减压，易出现心理问题，或者做出许多不理智的事情。成年人收藏玩具，就是一种减压的方式。

爱收藏玩具，还可以传达出许多其他的信号。收藏玩具的人，容易满足，知道分寸，家里是他们最快乐的场所，宁静安逸的生活是他们莫大的享受；他们留恋过去，对曾经拥有过的一切感到自豪，并极力保存于记忆当中，总是用一颗幼稚的心激发兴奋和幸福；他们追求的就是年轻，总是想方设法保持快乐。

小北下班回家，陪着小孩玩玩具，从来不会感到厌烦。

第七章

关于愧疚

语速比平时快，表示愧疚

一般来说，正常人的语速都是基本不变的，但是当他的情绪出现波动的时候，说话速度就会发生变化，我们也可以由此判断他的情绪变化。比如，有时候有的人说话速度比平时快很多，通常情况下这是表示愧疚。因为一个人若是心怀愧疚，承受较大的压力，会不自觉地加快语速，压力也能通过加快语速迅速释放出去。

小刚和女朋友发生矛盾，小刚内心有愧疚，
着急解释，语速比平时快很多。

妻子不与丈夫比肩而坐，表示愧疚

小勇夫妻争吵，妻子相当愤怒，小勇觉得自己有错，不敢反抗。

一言一行，都释放着大量的信息。只要我们平时留心观察，仔细总结，总会发现一些举动中包含的其他含义，从而做出判断，选择行动的方向和重点。

在一个夫妻关系平等的家庭中，夫妻一般是比肩而坐的。如果某段时间发现夫妻中的某一方坐在了另一方的下首位置，谈话中也经常欲言又止，则这方可能有有愧于对方的事。

在家庭中，容易产生愧疚之情的一方，大多数情况下是处于弱势或者说处于从属地位的一方。处于弱势的一方，总会以处在主导地位的一方马首是瞻，有些事情即便是处于主导地位的一方做错了，处于弱势的一方也会产生愧疚情绪。假如丈夫和妻子吵架，如果双方各不相让，那么一定会越吵越凶，最后一发不可收拾。如果一方心怀愧疚，就不会跟对方吵，或者会及时止住，将更大的风险扼杀在萌芽状态。

小勇决心主动找妻子谈谈，以修复关系。

双手按住双颊，表示愧疚

双手按住脸颊，是愧疚的一种表现。一般而言，捂住脸颊的人心中有懊悔和内疚，同时做这个动作也表示他希望能够得到别人的宽容和安慰，希望能给他一次机会改正错误。

捂住脸颊，遮挡了视线，暂时营造了一个属于自己的小空间。不过，一个人能承受的愧疚是有一定限度的。比如，某人捂住脸颊，表示自己知道错了，如果这个时候有个人在一旁指责不休，那么这个人承受的愧疚就会大增，如果超过了他的极限，他很有可能会做出一些不理智的事情。不过，也有的人捂住脸颊，心里想的是："我很愧疚，你说我几句或者骂我几句吧，这样我会好受些。"

吸气或者捂住下巴，表示愧疚

在影视剧中，我们经常会看到这样的情景：B 撞破了 A 正在做的坏事，A 要求 B 保守秘密，B 答应了，但是当有人追问 B 的时候，B 不经意之间说漏了嘴。当突然意识到自己说的话泄露了秘密时，B 会下意识吸一口气，把嘴巴捂住，表示自己说错了话，很愧疚。在做完这些动作之后，B 通常会否认自己刚才所说的话，让别人不要把他的话当真。而事实上，B 做出的动作，就说明了刚才说的是真话。

B 偶然间发现了 A 的秘密，A 要求 B 保守秘密，B 答应了。

C 和 B 聊天时，B 不经意间说漏了 A 的秘密。B 意识到自己泄露了秘密，赶紧住口。

第八章

喜爱与厌恶

下意识地扬眉

下意识扬眉表现对某人或某物的认同和好感，而对陌生人和自己讨厌的人一般不会做出这个动作。

当面前出现自己期待已久的人时，轻轻扬眉，表现了对对方的倾慕和景仰。当遇见令人欣喜的事情时，也会轻轻地扬一下眉毛，表示对眼前之物或面前之景十分满意和欣喜，希望自己睁大眼睛后可以看得更多、看得更清楚。

人在欢呼雀跃的时候，面部表情通常具有鲜明的特点，扬起眉毛就是其中一种。

人处在得意扬扬的状态时，眉毛会扬起，
这就是我们通常所说的扬眉吐气。

八字眉是怎么回事

当一个人皱起八字眉时，两只眉毛会相互贴近，眉毛向内集中，两眉之间距离变短，额头中心出现 T 字形皱纹，表示他正在经历生理或心理上的痛苦。

蹙眉通常表示身体上的不适，如成语东施效颦中的东施就是在学习美女西施心口疼痛时掩住胸口的样子。此外，一个人正在经历痛苦、忧伤或是焦虑，或处在某种不幸之中难以解脱时，也会双眉紧蹙，呈八字状。

这个人一副极度忧伤、痛苦与焦虑的样子。

《红楼梦》中，林黛玉常常是一副病容。

“不在线”的眼神表示厌倦

课堂上，台下听课的学生们姿态各异。

在课堂上，我们常常可以看见这种情况：台下听课的学生要么点头打瞌睡，要么视线来回转移，眼神游离不定。这种情况说明他的注意力不再集中，老师讲的内容已经无法进入他的大脑，而他还没有找到具体思考的事物，眼神和思维都处在“不在线”的状态。

游离状态很容易被发现，是因为当人认真思考或倾听的时候，身体几乎是静止的，除了条件反射的眨眼以外，面部不会有很明显的动作，头部不可能四处转动，眼睛更不可能四处张望。

鼻子上的微动作

鼻孔的变化可以说明人内心情感的变化。一个人在受到兴奋、紧张、恐惧或惊慌的情绪刺激的时候，鼻孔会有不同程度的扩张。鼻尖冒汗也是十分常见的，这种现象多出现在一个人受激动、兴奋、紧张情绪控制时。

此外，总是向上耸鼻子，看人的时候视线也总是由上而下的人，通常性格比较傲慢，轻易不把别人放在眼里，对别人获得的成就也会表示不屑一顾，常常是一副凌驾于他人之上的姿态。

小伟知道自己考试得了第一名，兴奋得几乎跳起来。

小蒙恃才傲物，在公司晋升很快，更加看不起别人。

斜瞄式微笑的魅力

很多时候，人们在看东西或看其他人的时候，不会使用也不适合使用正视的方式，而斜视在这时或许可以表达更丰富的含义：感兴趣、疑惑、鼓励、满意、敌意、质疑或批判等。

恋爱中的女人常常会用一种充满爱意的眼神看着心爱的男人，她们微微低头，压低下巴，同时将眼睛抬起，向上看自己眼前的人。因为这会让眼睛显得更大、更有神，而且可以让女人看起来像孩子一样天真纯洁。久而久之，男人会被这种仰视的干净目光所吸引，因为它能够激发他们的情感反应和关爱欲望。

不过，在同事或朋友之间，这种斜瞄式微笑就有了不同的含义。当你的同事出色地完成了一项任务，他满意地吐出一口气看向你时，你给了他一个斜瞄式的微笑，仿佛在对他说：“你刚才的表现太精彩了！兄弟，你真棒！”

恋爱中的男女，女生斜着眼睛看向恋人，眼神天真纯洁，男生被这样的目光深深吸引。

A 刚完成了一项任务，看向同事 B，眼神示意寻求评价。B 赞赏地微笑。

头部微倾：信任和顺从

天真的孩子在向爸爸妈妈提问题的时候，总是喜欢微微歪着头，忽闪着天真的眼睛。在行为学里，歪着头的确可以表示天真。因为在人们头部保持倾斜的时候，脖子和咽喉部位会暴露出来。身体中重要且柔弱的地方暴露出来了，这时候的人常常是没有任何戒备心理的。成人世界里，歪着头并不一定表示天真，但一个人既然将自己身体柔弱的部位暴露在另一个人面前，说明这个人是他完全可以信任和依靠的，因此，这是一个表示友善和信任的姿势。

这个动作实际上来源于人类婴儿时期，那时头部还没有办法维持稳定姿势，因而常常会晃来晃去时，母亲就会让孩子靠在自己的身体上，父母的胸膛和肩膀也就成了孩子的襁褓。所以，这样的倾斜就像是在告知别人自己需要保护和依靠一样。

幼儿微微歪着头，忽闪着天真的眼睛，充满好奇，仿佛在向爸爸提问。

一对情侣坐在长椅上，女生依赖地将头靠在男生的肩膀上。

第九章

沉静与动摇

她为什么双颊绯红

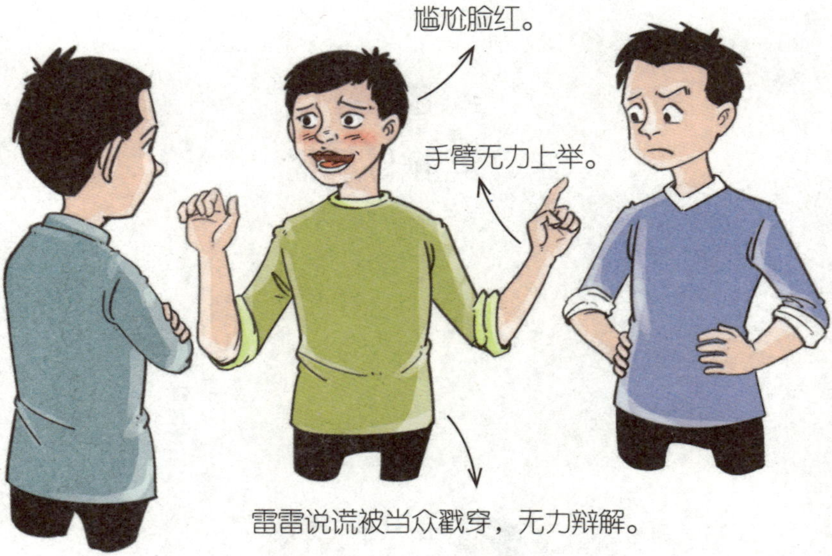

脸红是人类特有的反应。生物学家弗朗斯·德瓦尔教授把脸红描述为“进化史上最大的鸿沟”之一。人在害羞的时候常常会脸颊绯红。这是由于心脏跳动主要是受到交感神经的控制，而当看到或听到令我们精神紧张、心跳加速的事情时，眼睛和耳朵立即就把消息传给了大脑皮层，肾上腺受到刺激以后就会立刻做出相应的反应，分泌肾上腺素。肾上腺素导致更多局部血液流过脸颊，人就脸红了。

能够引起脸红的，并不仅仅是害羞，还包括很多让内心受到冲击的事情，如尴尬和愧疚，或是谎言被揭穿。当然，这些情绪对身体的影响并不是很大。如果是愤怒等情绪，则会较大程度地刺激肾上腺素，导致脸红更甚。因此，我们常听人说：“看把他气得，脸红一阵白一阵的……”

有心理学家认为，在愧疚的时候脸红，对人来说实际上是一件好事，因为这种情况下的脸红是在传递对群体致歉的信号，它能平息别人的怨恨，从而得到原谅。

左右转动的眼球

辩论场上，一方辩手语速加快，在激烈输出的时候，对方的队员思考该怎样应对。

盯梢的卧底人员，一边拿着望远镜紧盯，一边机警地注意周围。

人们在赞扬一个孩子机灵的时候，常常会用两只眼睛滴溜溜地转来形容，眼球之所以转那么快，是因为人思考的时候，大脑在进行着高速而有效的运转。

不光在思维敏捷的情况下，当人处在较为紧张，需要保持高度警惕的状态时，眼球常常也会快速转动。在动物界，灵长类动物和鼠科动物的眼球转动速度相比其他动物更加灵敏和快速，这是因为灵长类动物的大脑进化程度较高，而鼠科动物的行动力十分灵敏。

此外，眼球左右转动，还可以在一定程度上扩展视线，使得内心的焦虑情绪得到一定程度的转移和缓解，也是人们掩盖和稳定自己慌乱情绪的一种方式。

频频点头与摇头

通常情况下，点头表示赞同和接受，摇头表示否定和拒绝。此外，点头也是一种打招呼的简便方式。即便是身在语言不通、文化相异的异国他乡，在受到别人的帮助或肯定的时候，我们也可以通过点头微笑来表达感谢之情或简单致意。

不过，频繁的点头与摇头动作就很异常了。比如，有时一些人会通过点头哈腰来讨好上级，对于上级或领导说的话，不假思索地一味点头称是。很多时候，不正常的摇头有掩盖某事的嫌疑。如犯罪分子在被警察戳穿罪行时，很可能会连连摇头，动作幅度很大，这种拒绝承认的表现就有掩盖事实真相的嫌疑。当然，在被极度误解或冤枉的情况下，大幅度地连连摇头也会出现。这就需要根据不同场景和背景来做出具体判断。

歪着头的秘密

日常生活中，歪头的动作常常可以表达惋惜、惊讶（特指消极的惊讶）、遗憾、无奈、怀疑或者拒绝等。歪头表示拒绝，是因为摇头表达拒绝或抗议太过明显，在正常的交际生活中不便处处以此表达，因此，摇头的动作逐渐演化为将头转向另一边，以表达一种相对柔和的抗拒和否定。

小光跟朋友好久没见，见面后刚问一句，朋友还没回答，但是他的表情和动作已经给出了答复。

两辆车发生剐蹭事故，两个驾驶员中的一人给出了自己的解决方案，聆听的一方突然把头一歪，显然不太同意。

摩擦前额的含义

人在思考问题的时候，常常会用手摩擦前额。我们可以通过对摩擦前额这一行为和对行为发生的环境的分析，来判断一个人正在思考什么问题或是遇到了什么困难。

当我们在社交场合中提出一些问题，有人回答问题时用手摩擦着前额，一副冥思苦想的样子，这很有可能是问题给他造成了较大的困扰和压力，使得他很难在短暂的时间内做出回答。这时，我们就要适当地做出解释，使问题更加明晰和简洁，或是给他留下足够的思考或回答的时间，以免给他造成过大的心理压力。

拍打头部为哪般

很多时候，人们会通过拍打自己的头部来表达感情，这一动作引起了很多专家学者的注意。美国谈判专家杰勒德·尼伦伯格先生就将这个动作细致地分析了一番，他发现，拍打头部的不同位置与具体的事项有关，并且与人的性格也有关系。

杰勒德·尼伦伯格先生称，在拍打自己的头部时，习惯于拍打后颈部位的人通常性格比较内向，或者是为人比较刻薄，这种刻薄既是针对别人，也是针对自己；那些习惯于拍打前额的人则可能相对外向，而且待人比较宽容，相比之下更容易相处。

通常情况下，拍打头部给人的感觉是某人由于自己的疏忽给别人造成麻烦，从而通过这一动作表达自责。此外，拍打头部也可以表达恍然大悟的意思。

拍打头部，
懊恼自责。
哎呀，我
忘记了！
××带了吗？

拍打头部，
恍然大悟。
你应该先打对
方红色的区域。
对对对！我刚才怎
么没想到呢？！

抓挠后颈有几种含义

抓挠后颈可以表现一种说谎后的不安情绪。有的嫌疑人在接受审讯的时候，当被问到事情的关键之处时，会矢口否认，他佯装镇定，但是他抓挠后颈部的小动作给他所说内容的真实性打了折扣。

抓挠后颈的动作还常常在另一种场合出现，就是一个人感觉害羞、尴尬或难为情的时候。这种情况下，下意识地抓挠后颈，常常使人显得更淳朴和真挚。

另外，当感到无奈和烦躁时，一个人也会做出抓挠后颈的动作，不同的是，这时的动作幅度和力度都会相对较大。

手肘摆放有学问

人在坐着的时候，手肘的摆放方式有两种，一种是将手肘露出来，另一种是将手肘隐藏起来。

手肘露出来的人，坐姿较为放松，显得有气势。将手肘撑起也会给人一种身体空间扩大的视觉效果，会平添几分自信，整个人也会显得积极、神采奕奕。手肘隐藏起来的人，坐姿比较拘束，常常给人一种畏畏缩缩、胆小怕事，不够有主见、不够大方自信的感觉。女性隐藏手肘，会显得更加温顺和乖巧。总的来说，隐藏手肘的动作会让人觉得此人处于弱势。

因为手指、手掌、手臂和肘部具有相当强的灵活性，因此大脑仿佛更加偏爱它们，总是分更多的精力在指挥和控制它们上面，赋予它们很多重任。手肘是十分重要的关节，手臂的动作需要由手肘来控制。把手肘暴露在对方的视线之内，就证明没有拘谨和戒备，这样就会显得坦率和真诚，也会让社交的气氛轻松愉快。

第十章

强势与软弱

主动移开视线的人更强势

两个生意伙伴第一次见面，简单交谈几句后，A 对 B 是什么样的人了然于心，主动移开视线。B 被 A 的强大气场影响，讲话气势逐渐弱了下来，有点磕磕绊绊。

双方第一次见面交谈时，如果某一方自认为地位高于对方，他就会试着先移开视线，这样做可将对方置于相对被动的局面，使对方感觉不悦，开始在脑海中搜索原因，同时反省自己的行为和言论。这种不自信会扰乱他的思维，说话的语气也因此受到影响。因此可以说，主动移开视线的人可以为自己营造强大的气场，并享受这种气场带来的优势。

基于约定俗成的规则，多数人在刚开始说话的时候，或是讲前四句话的时候，就会移开目光转而看向别的地方；而当话说完时，又会把目光挪回来注视着对方。这样既不失尊重，又不会显得怯懦，同时也会给人落落大方的感觉。

弱势的一方移开视线是为了躲避

与主动移开视线的强势行为不同，被动地先将自己的目光移开、不愿意与人有视觉接触，是内向的人、犯错的人、内疚的人常做的动作。简单来说，这是一种鸵鸟心理，鸵鸟把头埋在沙子里，以为自己看不见对方，对方也就看不见自己，而躲避他人视线的人也是为了不让对方继续看到自己的内心。

在交际场合中，我们最好能够做到礼让有加，不要刻意注视对方过长时间，也不要过早地移开视线，要注意观察对方的动态。如果是时间较短的对话，那么对话之初可与对方进行 3 到 4 次对视，之后就可以把视线移到别处，但还是要不时地保持与对方眼神的交流，以达到最理想的沟通效果。

两个网友第一次见面，A 性格外向，侃侃而谈；B 比较内向害羞，觉得对方能一眼看透自己的内心，目光躲闪。

压低的眉毛透露出威严

眉毛压低的人看上去十分具有侵略性，既让人觉得十分威严，又透着一种淡淡的忧虑。眉毛压低时总让其他人觉得阴云密布，制造了一种严肃紧张的氛围。

当父母在训诫、教导小孩时，当领导批评下级时，他们总是压低眉毛、一脸严肃，这样的批评才有力度和强度。如果是嬉皮笑脸，眼睛睁大、眉毛上挑，批评的气氛就滑稽了。

电影中，演员也会利用压低的眉毛来塑造人物性格，如影星马龙·白兰度在电影中就利用眉毛塑造了许多反面形象，给人以极具侵略性和攻击性的印象。对于政治人物来说，下压的眉毛会给他们带来很大的优势，不仅会使他们看起来更加威严，还会给他们添加一种忧国忧民的气质。

带着威严的凝视

在日常生活中，如果一个人想要用目光进行威胁，那么他就会盯着某样东西或者某个人看，这种凝视的目光会使他看上去更加威严，带有较强的侵略性和攻击性。

威严的目光可以通过训练来获得，如每天抽出几分钟站在镜子前，想象一个让你生气的情景，然后对着镜子练习用威严的目光去看别人。经过一段时间的训练，就可以获得这种有杀伤力的目光了。

不过，在正常的社交生活中，我们应该尽量避免使用这样的目光，以免给他人造成太大的压力。即便是作为领导，用这样的眼神凝视下属，也会让自己显得过于严厉，不便于营造轻松的工作氛围，和员工的关系也很有可能陷入僵局。

握手时该谁先伸手

握手是交际的一部分。握手的力量、姿势与时间的长短往往能够表达出不同的态度，显露自己的个性，给人留下不同的印象。

根据社交礼仪，当我们为从未见过面的两个人互相介绍时，应该先介绍两个人当中地位较低的人，地位高的人放在后面介绍。而握手的礼仪则正好相反，应该是地位较高的人先伸出手。不过，事情因情况而异，握手双方如果换成男士和女士，则一般先由女士伸手。

妙妙看见常网上联系但从未见过面的合作伙伴 A，主动和他握手，双方愉快地交谈起来。

妙妙走路经过，陌生男士 B 突然伸手要和她握手，她不太情愿。

翻转手掌获得主动权

晶晶和男友散步，偶遇前男友，她介绍两人认识，
谁知两个人连握手都暗暗较劲。

握手时，掌心向上表示恭敬与顺从，而掌心向下则代表权威和强势。由此可见，如果你想在握手时掌握主动权，你就可以翻转手掌，让自己的掌心朝下。

一般而言，握手时掌心向上，表明这人性格较为软弱，地位比较低，也很谦恭。相反，掌心向下的人给人一种傲慢的感觉，他们自认为是大人物，习惯“俯视芸芸众生”。

手臂的伸展和收拢

在商务会议中，对自己的观点很有信心的人往往试图占据更大的空间，伸展手臂就是一种扩展空间的表现。根据一个人手臂的变化，我们可以判断他内心情感的波动。

生活中，地位较高和拥有掌控权的人在讲话时，都喜欢伸展自己的手臂，让手臂做出各种动作来强调自己发言的内容。相反，一些在发言时缩手缩脚的人往往对自己的能力不是那么有信心。

在坐姿状态下，手臂的伸展和收拢没有站着时那么明显。人们坐着时通常会将手肘或者小臂平放在桌面上，在感到自信时手肘会向外打开，双手手指轻轻地搭在一起，在桌面上圈出一块属于自己的领地。而当他内心发生变化，信心减弱时，手臂就会向内收拢，比如，变成双手手肘相碰、小臂并拢的姿势。如果小臂并拢时是竖直的，那么双手可能做出紧握的姿势，这时就说明情况变得更糟了，这个人在为什么事情感到担心。

手撑桌面获得主导权

报告会议中，某职位较高的领导站在台上演讲，声音抑扬顿挫、铿锵有力。

手撑桌面的动作还是愤怒和冲突的表现。在交谈中，如果对方将双臂张开，用手撑在桌子上，就要小心了，这说明他要发作了。

当一些人站在桌子或柜台后面讲话时，他们习惯将手臂张开一定的角度，用手撑在桌面上。这种动作是一种表达自信和权威的方式，双臂张开有捍卫领地的意味，是在对旁边的人宣称自己居于主导地位。

地位高的人肢体动作少

露天大排档里，旁边有人打斗，场面混乱。小亮瞥了一眼，仍专心吃饭，一副无动于衷的样子。

通常情况下，一个人的社会地位越高或者职务越高，他的语言运用能力就相应地越好。而身体语言方面的研究则显示，在传递信息和表达情感的时候，人们所掌握的词汇量的大小、语言能力的好坏与使用肢体语言的多少有着必然的关系。这也许与受教育程度有关，地位较高的人掌握的词汇量较大，因此可以使用丰富的语言来表达自己的思想。而那些地位较低的人由于受到的教育有限，所以在表达时更依赖肢体语言。比如，一些职位较高的人在公众面前为了显示自己沉稳的风度，就会尽量减少肢体语言，这样做也可以避免过多的肢体动作暴露内心的情绪。

电影中演员们将这种现象表现到了极致，如 007 系列电影中的特工詹姆斯·邦德总是一副无动于衷的样子，他的肢体语言少之又少，不管遇到什么样的压力与困难，都镇定自若。与此相反，喜剧演员金·凯瑞通常在影视作品中出演一些无权无势、在生活中备受排挤的小人物，为了体现幽默滑稽，他常常会用夸张的肢体动作和面部表情来表现人物内心的活动。

演员用夸张的肢体动作和面部表情来表现内心活动。

第十一章

愤怒与好斗

双拳握紧代表愤怒

被挑衅时，握紧双拳是人类的本能反应，它是人类进化过程中产生的自我保护行为。

当一个人处于愤怒、紧张、恐惧等情绪控制下的时候，会情不自禁地把拳头握紧，这是因为当大脑意识到人处于危险的状况下，会给身体发送指令，使得身体迅速分泌肾上腺素。

肾上腺素一旦分泌，人的运动神经就会紧张起来，处于高度警备状态。这个时候，人就会双拳紧握，甚至会不自觉地寻找手边的东西作为武器。

眉毛竖起表示愤怒

人们常常通过脸部的微动作来判断对方的情绪以及接收对方传递的信息：是友好的还是对立的，是认同的还是反对的，是正面的还是负面的。横眉，代表着对敌人的轻蔑和漠视，同时向敌人传递着无所畏惧的态度，也是对敌人发出的警告。而竖眉则表示被激怒的状态，人们常说“气得眉毛都竖起来了”。

A 把自己被同学欺负的事告诉了好朋友 B、C，B 听了没什么反应，C 听了相当愤怒。

眼神犀利也是愤怒的体现

当一个人处于愤怒状态的时候，眼神肯定不会是温和的。那会是一种带着攻击性的眼神，犀利无比。这是因为人一旦受到负面的刺激，就会产生强烈的愤怒感，然后血压会急剧上升，瞳孔也会随之变化。

值得一提的是，很多人都会发现，自己在生气之后，眼睛会变得红红的，这也是血压上升造成的。

阿坤正在看电视，电视剧里的片段令人愤怒，他的眼神变得极具攻击性，眼睛红红的，似乎要喷出火来。

愤怒让呼吸变得急促

听闻孙悟空把儿子害了，牛魔王怒战孙悟空。

当我们被别人激怒的时候，总会说“被气得七窍生烟”，这七窍指的是口、两眼、两耳、两鼻孔。这句话就是形容生气到极点了。其实这句话是夸张的说法，人的器官是不会真冒烟的。当人处于生气、愤怒的状态时，全身的细胞也会变得紧张起来，这种紧张直接的后果就是缺氧。正常的呼吸无法供给足够的氧气，就要靠肺部加快呼吸来补充氧气，这个时候，就会感觉呼吸明显变得急促了。

所以，呼吸的变化也可以帮助我们判断一个人是否处于愤怒状态、愤怒到了什么程度。这种明显的变化不只人类有，在其他动物身上也会出现，这是生物表达愤怒的共同特征。

嘴唇紧绷，表示愤怒

内心平静，嘴唇自然闭合。

嘴唇收缩聚拢，表示不认同。

嘴唇紧绷，表示愤怒。

嘴部动作可以分为很多种，或张开或闭合，或抿紧或放松。这些嘴部动作，都相应地反映出一个人的性格特征和心理状态。

心情平静时，人的双唇会呈自然状态，一般是轻松地闭合。嘴巴张开，可能正在哈哈大笑，或者有吃惊、惊恐、疑问等情绪。嘴唇收缩聚拢往往代表着不认同，在交谈中就意味着不同意对方所讲的内容，或正在酝酿着转换话题。而当一个人紧绷着嘴唇，并且少话，就表示他很愤怒。

越愤怒，双臂抱得越紧

通常一个人处于愤怒的时候，会将自己的双臂抱得紧紧的，这样做的目的有两个，第一是尽量克制自己的情绪，第二是暗示他人自己很生气。

不过，这种抱紧双臂和前面讲过的双拳握紧表达的愤怒有所不同。双拳握紧的愤怒是主动的，而抱紧双臂的愤怒是被动的，更多的时候是要控制自己的行为，以使自己保持理智。所以，前者的反击可能是在愤怒时马上反击，后者的反击可能会隐藏很久，甚至是要计划一番再反击，或者自行离开，眼不见为净。

第十二章

安慰与内心不适

轻抚额头可以自我安慰

小美刚刚和人发生冲突，回到座位，轻轻用手撑额头以使自己冷静。

程序员大南在开会讨论解决 bug 时，频频揉捏太阳穴，以使大脑更放松。

在日常生活中，当我们需要回应某些消极刺激的时候，比如遇到很难回答的问题，或者在听到、看到或者想到一些压抑的事情时，都会轻轻抚摸自己的额头，这属于一种安慰行为。

轻抚额头可以让我们保持冷静。在冷静下来之后，才能找到解决问题的办法。所以，虽然只是一个小小的安慰动作，但是其作用却不可小觑。一般来说，男性通常喜欢用较大的力道来抚摸自己的额头，或者捏一下太阳穴，而女性的力道一般比较小，就像用手撑着额头。

轻摸脸颊

在生活中，不管我们是主动还是被动，总会遇到一些比较紧张的情况，比如面试，或者是参加一些比较重要的考试，难免会遇到一些较为困难的问题，这个时候，我们经常会不自觉地摸一下脸颊，好像自己脸上有什么东西，这其实是一种安慰动作。

这个小动作不能帮我们解决实际问题，只能起到让心里不那么紧张、给自己鼓劲儿的作用。它可以让我们紧绷的神经暂时放松一下，稍稍获得一些安慰。

梅梅参加考试，看到某大题是自己最怵的类型，强迫自己镇定，然后开始做题。

视线转移：视觉安慰

当人遇到外界刺激的时候，难免会产生一些负面情绪。如果是因为看到某物而产生负面情绪，人们会将视线从某物上面移开。因为如果继续盯着看，会导致负面情绪不断积累，会越来越难受。而移开视线之后，就相当于阻断了和这些刺激源的联系，心情也就不会像之前那么紧张了。这就是视觉安慰反应。

一般来说，视觉安慰最典型的反应并不是只有逃避，还包括看到能让自己感到舒适的目标。如果自己身边能有这样的人，比如亲人或者朋友，自然能够起到安慰的效果。所以，一旦遇到让人不安的时刻，而且身边又恰好有自己的亲人，就总会不自觉地看向他们。

小何登台演唱很紧张，虽然已经把台下的观众当成了萝卜、白菜、土豆等，还是紧张。

演唱过程中，小何发现好朋友正在台下给自己加油，突然就不紧张了。

摸鼻子可以调整心理不适

做摸鼻子这个动作，撒谎者能得到瞬间的安慰，因为他觉得这个动作很小，不会吸引人们的注意力。这个动作看起来像是摸鼻子，其实是为了盖住嘴巴。

这是因为，人在感到心理不适的时候，鼻子会膨胀。鼻子的神经末梢受到刺激，人就不得不去揉鼻子止痒。

两个生意上的伙伴正在洽谈，A 滔滔不绝地讲自己的计划。B 在听到自己不太同意的观点时，一边思考，一边轻轻用手摸了摸鼻子，以掩饰内心的不同意。

咬指甲：寻找安慰

在成年人当中，如果一个人的自信心不足，在别人面前感到不知所措的时候，就会咬指甲。这个动作，一方面有点童真的趣味，另一方面也是想要寻找一点安慰。

有的时候，一个人独处，可能会有些寂寞，就会通过咬指甲来打发时间。有的人甚至会一边咬指甲，一边沉浸在幻想之中。当你看到一个人做出咬指甲的动作，或者虽然他没有当着你的面咬指甲，但是指甲有明显咬过的痕迹，就可以推断出，这个人经常会感到内心不安，需要别人的安慰。

咬或舔嘴唇：舒缓情绪

有的人的唇部经常会脱皮，这是因为他总是咬或者舔嘴唇。在舔完嘴唇之后，嘴唇上的唾液在风干的过程中会带走一些水分，自然就会出现脱皮的情况。而且由于舔下唇比舔上唇更为方便，更符合人的习惯，所以下唇更容易遭殃。

其实，当一个人感到压力很大，想要摆脱却又无力摆脱的时候，就会借咬或者舔嘴唇的动作来舒缓自己紧绷的神经。在整理一些毫无头绪的事情时，一些人会舔着嘴唇来想对策。另外，如果我们看到一个人用食指及大拇指的指尖拨弄双唇，就表示他一面在克服不稳定的情绪，一面在寻求解脱。

甜甜看电视相当投入，沉浸于主角坎坷的命运，不知所措，下意识咬指甲。

最近发生了一件令月月备感压力的事，她想要摆脱又无力摆脱，总在没人的时候陷入思考。

棠棠有个小习惯，在沉思某事的时候，会不自觉地用手来回拨弄下唇。

颈部安慰动作

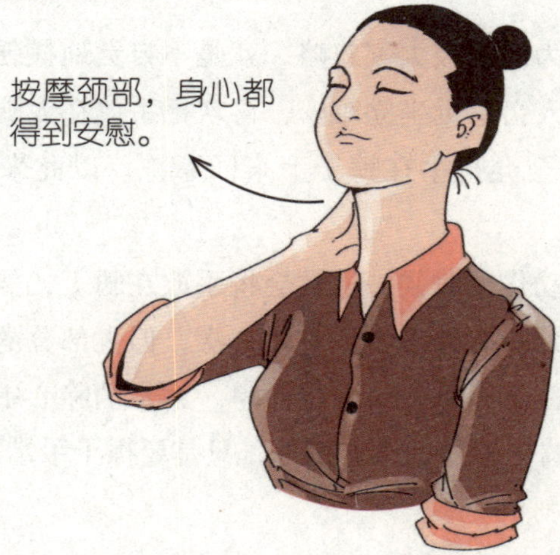

女人久坐办公劳累，抬头用手指捏搓脖子，
以此来缓解颈部的酸痛感。

在所有的安慰行为中，抚摸或者按抚颈部是使用最频繁的，而且也是最有效的。比如，当一个人坐在电脑前工作了一段时间后，会感到腰酸背痛，这时候，他就会用手指按摩或者捏搓脖子后面的区域，或者按摩脖子两侧或下巴正下方的部位，以此来缓解颈部的酸痛感。因为颈部有非常多的神经末梢，通过对这一部位的按摩，可以缓解疲劳，进而让人恢复平静。

一般来说，男性和女性在使用颈部动作来安慰自己的时候，采取的方式是不同的。男性的动作通常力度比较大，比较显眼。比如，他们会用手抓住或者盖住自己下巴以下的部位，这样做可以让他们冷静。有的时候，男性还会校正一下自己的领结。而女性通常不会直接抚摸自己的颈部来安慰自己。如果戴着项链，她会抚摸或者把玩自己的项链；或者用手覆盖颈窝，来缓解压抑、恐惧、心神不定、焦虑等不适。

消除心中的不安会不自觉地搓腿

有一种安慰行为经常被大家忽略，就是不自觉地搓腿。比如，在紧张的时候，有的人会感觉坐立难安，喜欢把手放在大腿上，不断地揪自己的裤子，甚至会把手在裤子上来回摩擦，以此来缓和自己的情绪。

人们在做这个动作的时候，通常会将手放在腿上，然后双手沿着大腿向下搓至膝盖处。有的人习惯只做一次，但大部分的人会反复搓腿，或者按摩腿部。这么做的目的很简单，就是消除心中不安、安慰自己。但往往做出这个动作的人会辩称，只是要擦干手掌上的汗而已。

男人等待客户到来的间隙，反复调整已经戴好的领带，以使自己放松。

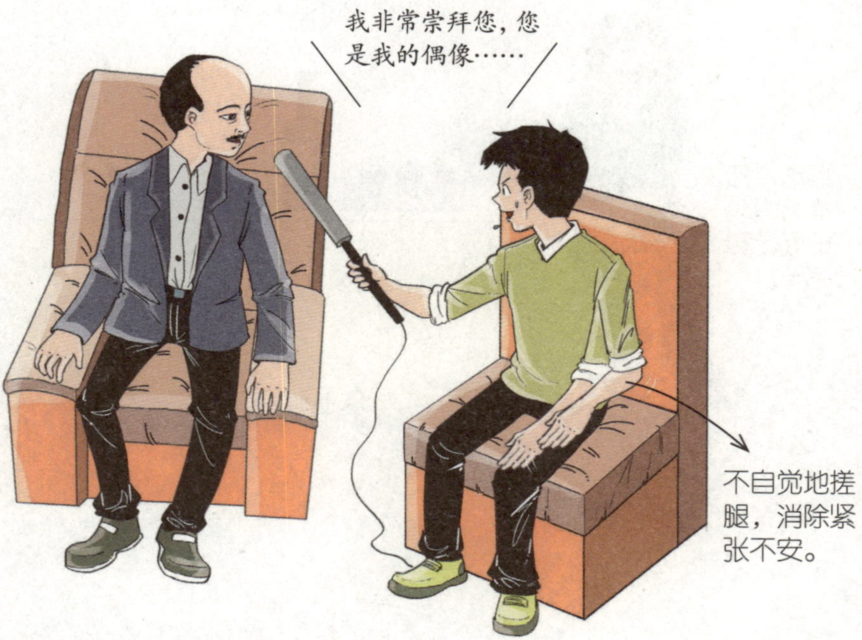

轻点足部，放松神经

足部可以表达一个人的欲求和个性。一个人如果摇动足部，或者用脚尖来拍打地板，其实和抖腿一样，都说明了焦躁不安和不耐烦。做这些动作，正是为了摆脱自己的内心不适。那么，为什么人们会选择足部来表达或掩盖自己的情绪呢？

一般来说，当人处于公共场合的时候，是很容易引起别人注意的，这个时候，他不会乐意把自己内心的焦躁或不安明显地展示给别人，所以他不会用自己的手或者躯干做出较大幅度的动作来引起别人的注意，就会选择那些不起眼的动作来表达自己内心的活动。

他们谈事，叫我来干什么呢？
摇动足部，掩饰内心的局促和不安。

无聊的聚会，我什么时候能回家啊？！
脚尖拍打地板，感到无聊和烦躁。

自我安慰时会抱紧心爱的玩具

我们看到很多宝宝在睡觉的时候，要抱着心爱的玩具才能入睡。这种行为从心理学上讲是有原因的，因为孩子内心缺乏安全感，需要从他物中找到慰藉，而这些喜欢的玩具等物件就成了孩子的安慰物。

这种行为并不会轻易消失，长大成人了也会保持，特别是当一个人感到很无助，又不想与他人分享的时候，就更喜欢采用这样的方式。这种方式虽然看起来有点孩子气，但是可以真切地让人感到获得了安慰。有什么平日里说不出口的话也可以跟它说，这样就不会把事情憋在心里，也不用担心自己的心事会被别人知道。

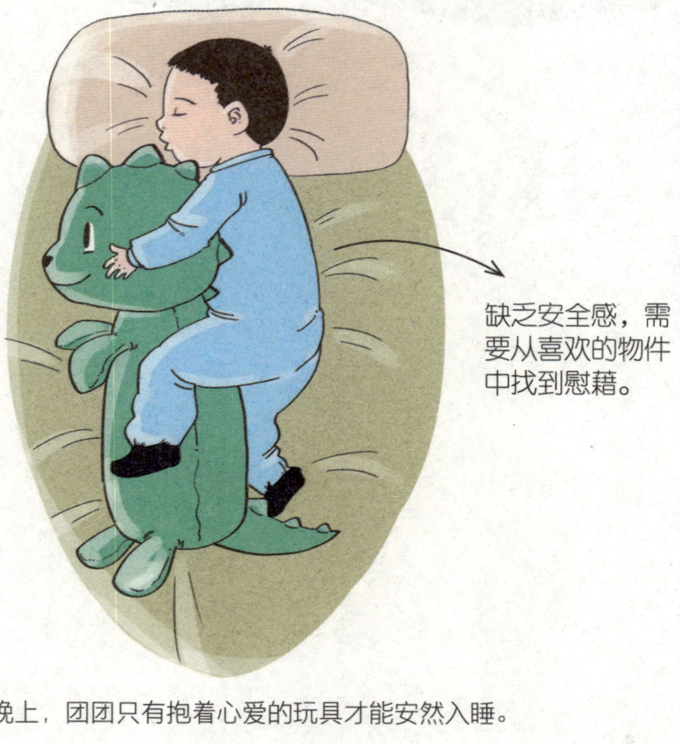

每天晚上，团团只有抱着心爱的玩具才能安然入睡。

小熊熊，从小到大，你是我最好的朋友……
向心爱的玩偶倾诉，获得安全感。

第十三章

逃避与逃离

稍稍吸气代表恐惧不安

人们在观看恐怖电影或听到骇人听闻的事件时，经常会倒吸一口凉气。有人吸气动作幅度很大，代表他并没掩饰自己内心的恐惧情绪，当然还有一种情况是事情并没有那么严重，他还承受得住；有人吸气动作幅度很小，代表着他可能已经将这种恐惧迅速消化，同时控制自己的面部肌肉，不使情绪外显。

一般而言，情绪不外显的人，承受能力都比较强，在别人看来是重创，在他看来可能只是必经的挫折。

毛毛和朋友们去看电影，看到恐怖之处，每个人都努力控制自己的表情，但是很多微动作还是显露了他们的情绪。

姿势微微调整代表不安

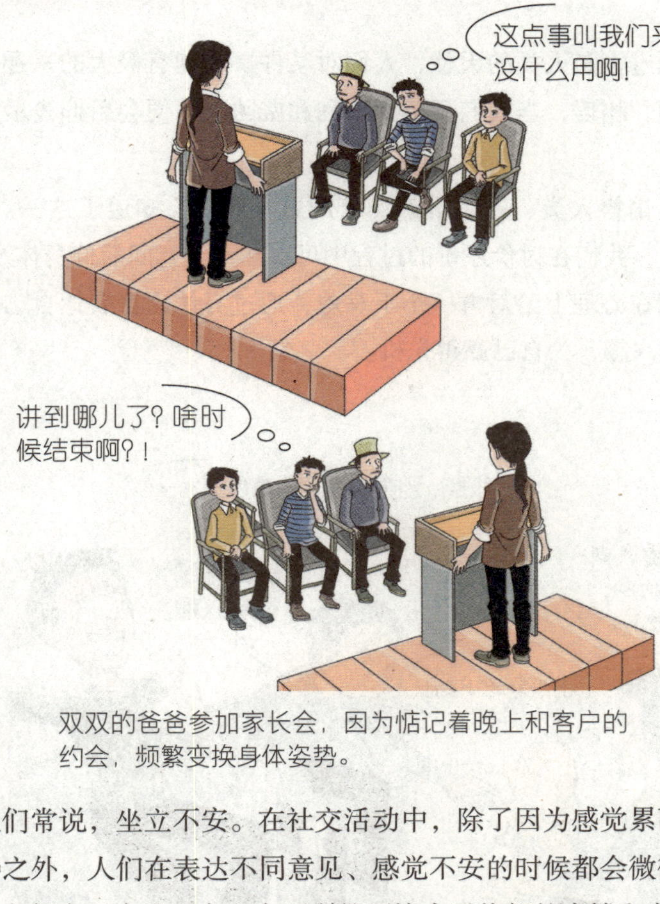

双双的爸爸参加家长会，因为惦记着晚上和客户的约会，频繁变换身体姿势。

人们常说，坐立不安。在社交活动中，除了因为感觉累而调整身体姿势之外，人们在表达不同意见、感觉不安的时候都会微微调整姿势，以方便自己表达观点、在不利的环境中寻找新的支撑和安全感。

一个人内心焦躁或者烦闷不安时，总是不能控制地走走停停，必须在座位上时便表现为不断调整坐姿。可以这样解释：心理上的不舒服会给大脑发出一个信号，大脑指挥身体姿势变动，以求达到舒服的状态。可是这并不能解决问题，所以反映在人身上便是不断地调整。当人们想抑制这个动作时，只是会降低动作频率或者减小幅度，很少能完全做到心动身不动。

躯干和头后仰代表想要逃离

趋利避害是人类的天性，人们对某件事物抱有极大的兴趣时，会身体前倾。相反，当人们预感到不利和威胁时，便会后仰表示拒绝和逃离。

很多销售人员、推销员都深谙此道。所以，知道了这一点之后，作为客户，我们在讨价还价的过程中可以在不经意间后仰身体及头部，这样就能在心理上给对方一个下马威，通过身体语言表达自己想要逃离和不感兴趣，为自己赢得先机。

想逃离时，身体会不自觉抖动

大家都有一种体会，当看到害怕的事物时，毛孔会突然打开，头发会竖起来，浑身起鸡皮疙瘩，甚至嘴唇发紫，伴随着尖叫。这种情况就可以用毛骨悚然来概括。大脑通过传递信号，让身体起反应，表达正在经历恐惧，而这些让人感觉到不适的生理反应都是希望摆脱这种恐惧。

坐姿角度变化，准备逃跑

每个人在坐着时都会呈现出不同的姿势，有人喜欢跷二郎腿，有人喜欢双腿并拢，有人喜欢两腿交叠……但是不管坐姿如何，都有“稳坐江山”和“坐立不安”这两种状态。

一个“稳坐江山”的人坐姿很稳定，因为他们心态稳定，不会有什么波动或者不安需要通过调整坐姿来缓解。

如果一个人把自己的双脚一开，就说明他想要离开所在的位置，想获得一种解脱。当你在和别人交谈的时候，如果对方正在慢慢地（当然也有可能是突然地）把自己的双脚朝远离你的方向或者朝门口挪动，就说明这个人现在有事情要办，与你交谈耽误了时间，想要赶紧走。当然，也有可能是因为他不想再听你说话，或者是你在无意中说了什么冒犯他的话。总之，如果一个人的脚发生转向，就说明他想离开了。

第十四章

惊讶与意外

真正吃惊的表情，不会持续超过 1 秒钟

在生活中，我们常能看到人们有这些动作：头微微抬高、眉毛上抬、眼睛骤然睁大。虽然各部位动作幅度有所不同，但通常这些动作表示的都是惊讶。

值得注意的是，当我们受到外界信息源的刺激时，面部肌肉从开始收缩至收缩到最大限度的时间极其短暂——1/4 秒。当面部肌肉不再收缩时，我们内心的惊讶也就随之而去。这也意味着，正常情况下，人们真正能感受到的惊讶只有 1/4 秒。如果一些人惊讶的表情和动作超过 1 秒钟，可以断定，这些人是在故作惊讶。

惊讶时眉毛会大幅上扬

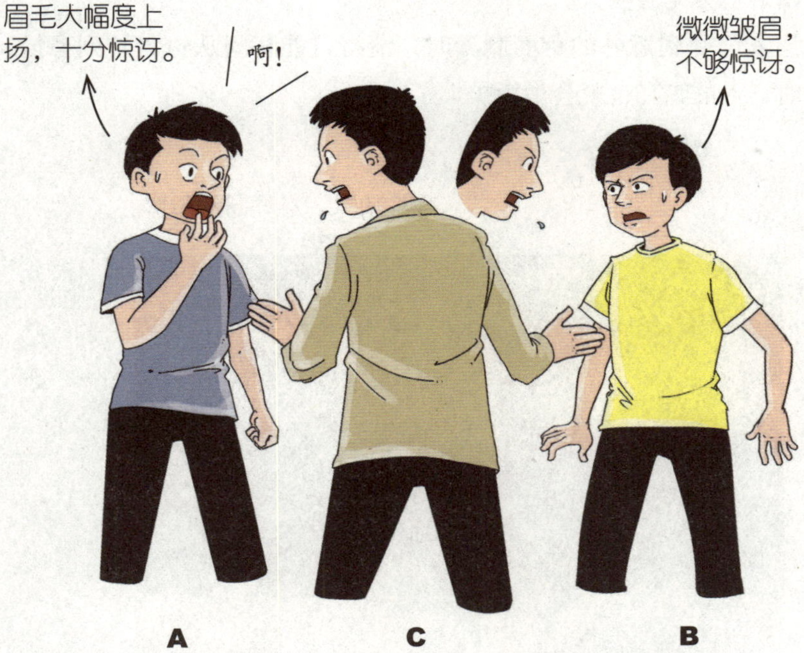

C 说了一个令人惊讶的消息，A 非常惊讶，双眉扬起；B 早就听说了，没那么惊讶。

人们在表达惊讶情绪时，五官会出现相应的细微变化，呈现特殊的状态。眉毛大幅上扬就是其中的一种表现，多出现于饱满的惊讶情绪表达中。

当然，还有另外一种情况，即一般的惊讶表情，通常这是由于人们刻意控制或在外界刺激不够的情况下产生的。有时，较轻微的惊讶表情不会令眉毛大幅上扬，但与松弛状态下相比较，我们可以看出眉毛还是有所抬高的。

瞳孔微微放大：有些惊恐

瞳孔可以根据光的强弱控制改变大小，在光亮的地方它会变小，在黑暗的地方则会变大。

当人们受到意外的负面刺激时，情绪可能瞬间从惊讶转到恐惧，而这时，人的瞳孔也就会微微扩大了。

罗小刀梦到自己见到了史前怪兽，跟恐龙很像，异常惊恐。

嘴巴不自觉张开，配合一次快速吸气

最初的惊恐之后，罗小刀感觉怪兽无恶意，轻轻靠近，想摸一摸它。

人们在感到惊讶时，嘴巴也有特殊的反应。在惊讶状态下，嘴巴会不自觉地张开，并且，嘴唇不会有收缩变化，这种状态能保持一段时间。嘴部这一系列的动作还伴随着一个很难被他人察觉的行为——一次快速吸气！

人受到外界刺激，产生惊讶情绪时，大脑同时也在分析和考量周围的环境是否有威胁，并对下一步行动做出判断和准备。这时，快速地吸一口气可以加速脑部的血液循环，同时，也为身体提供必要的能量储备。惊讶情绪过后，可能要面对很多情况，人们需要为自己储存必要的能量进行接下来的行动。不管接下来要面对的是惊喜还是悲伤，要抗争还是要逃跑，都要耗费一定的体力。所以，这种快速呼吸是十分必要的，也是自我保护的一种手段。

第十五章

走姿信号

形形色色的走路姿势

这种姿势走路的人独立性强，强势，不容许被质疑。凡事都以自我为中心，妄自尊大，清高孤傲，不屑跟别人交往，比较淡漠。

1. 昂首挺胸彰显气势

有人走路的时候抬头挺胸，迈着大步，脚步落地有声，看着就很有气魄和力量，气场强大。

这种人有自知之明，不会轻易向别人伸出援手，也不会轻易地寻求别人的支持和帮助。他们反应快，思维敏捷，逻辑性强，做事有条理，组织能力强，目标明确。

在仪容仪表方面，他们对自己的要求非常高，时刻让自己保持完美的形象，从整体搭配到细节都力求做到完美无缺、无懈可击。

2. 弓身俯首的人缺乏自信

弓着身子俯首前行，或者习惯含胸走路的人，他们喜欢平静的生活，不喜欢做冒险的事；做事往往犹豫，不够干脆。他们个性谦虚谨慎，不喜欢华而不实的东西。他们很少表达自己的看法，在别人看来，他们对任何事都没有特别的兴趣，其实不然，他们并不是待人冷漠，只是不擅长表达而已。由于这种个性，他们的知己通常不多，但他们十分重视友谊。

其实，弓身俯首、含胸是不健康的走路姿势。比如，当一个人做出含胸的动作时，肺部的空间就会被挤压，这时，人的呼吸也会变得短促。

此外，有的人走路软弱无力，步伐虚浮，表情呆滞，这样的人似乎遇到一点小小的打击都能颓废很久。也许他们不是生来就是这样的，是因为童年的阴影、情感创伤等使他们觉得自己被遗弃了，生活没有希望了，但是他们不想去做改变。

这种人通常自信心不足。他们每当想藏起自己的自卑时就下意识地低头、含胸。

这种人看起来好像没有睡醒，没有一点气场。

3. 步伐整齐与步伐凌乱

有的人走路步伐很整齐，如同部队出操一样，双手会有规则地摆动，脚步沉稳有力，看起来与平常人走路区别非常大，但是他们自己并不认为这有什么特别。

有的人走路时步伐凌乱无规律，摇摇摆摆，时而大步时而小步，时而直线时而曲线，有时候甚至会踩到自己的脚。

4. 熟悉的八字步

外八字走路的人具有一定的侵略性。当你犹豫不决、做不了决定的时候，问一问他的意见，马上就会有答案。所以，这类人通常人缘不错，常能主动打开人际关系的困局。

内八字走路的人给人的印象是很乖。他们很会照顾人，如果别人遇到了麻烦，向他们求助，他们不会推托。而且，在向别人伸出援手之后，他们是绝对不会要求对方回报的。

这种人无论做什么事都很积极，勇于承担责任，应变能力强，可以快刀斩乱麻。

这种人注重生活中的细节，无论什么事情，都喜欢按部就班地完成。一旦出现了突发事件而无法按照自己的习惯或者规划进行时，就会手足无措。

你是“竞走”健将吗

这种人是典型的行动主义者，他们大多个性比较急躁，有时会冲动，潜意识里总觉得时间很紧迫，得加紧完成工作才行。

1. 步伐急促的人

步伐急促的人讲效率，但由于过于讲究效率，往往导致有的决定过于草率，缺少必要的细致。这种人对待朋友真诚，很多人愿意把他们作为可靠的朋友。他们也非常直接，喜欢和不喜欢都会马上给予回应，不会拖泥带水。但他们没有太多的闲情逸致，可能饭后散步对他们来说是一件奢侈的事情。

2. 走路不疾不徐的人

一些人走路不疾不徐，双手自然轻松地摆动。他们重情义、守承诺，讨厌别人说谎。这样的人在感情上比较传统，他们的付出是实实在在的，不会介入不明不白的感情纠葛中，就感情问题而言，属于理智胜于感情的人。但他们不大信任别人，一定要眼见为实，所以有时候会让人觉得这种人很多疑。他们遇到问题时不会一下子就惊慌，而会冷静对待，很难看到他们惊慌失措的样子，但他们也存在胆小怕事的缺点。

这种类型的人不会好高骛远，对待事业认真负责，靠着自己的实力一步一个脚印向上走。但是，他们心中没有坚定的目标和理想，比较没有原则，只求可以安稳地过日子，属于极容易对生活满足的人。

这种人一般生性比较软弱，做事犹豫不决。他们有时候会因为浪费太多时间在做选择上面，或者因纠结一些无伤大雅的小细节而错失良机。

3. 走路缓慢的人

有的人走路很缓慢，他们做事情总会考虑再三，冒险的事情不做；宁愿比别人晚做选择，也不喜欢张扬和出风头；宁愿走得慢，也要走对方向。

这种人很适合做朋友，他们为人坦率，胸无城府，珍惜友情。但他们会很慎重地择友，不会呼朋唤友，也不喜欢“四海之内皆兄弟”。

体态暴露了个性

有的人走路扭动着腰肢，看起来翩翩若舞、婀娜性感。

有的人走起路来上半身基本保持不动，也没有双手自然挥摆的动作，但腿部却很用力，而且步伐十分急促。

这种人善于交际，热情似火，为人随和，所以他们的朋友很多。但是这样的走路姿势也被有些人认为轻佻。

这种人很不喜欢交际，认为人际交往是一件浪费时间、浪费精力的事。他们内敛、观察力强，总可以在无声无息之间给人意外的惊喜，每每做出这样的事情，都会引起大家的议论。

特殊的走路习惯

1. 拖着鞋子走路

有的人走路很迟缓，鞋跟摩擦着地，发出唰唰的声音。观察他们的鞋跟可以发现，鞋跟的磨损比较严重，鞋底左右不平。

这种人不喜欢变化，总是安于现状，一旦有所改变，就会无所适从，于是他们宁愿不改变。他们大多碌碌无为、不求上进、不思进取。

这种走姿表现出的是懒散、缺少组织纪律性、没有积极的生活态度。

走路常回头的人有点小肚鸡肠，如果别人做了点什么不好的事情，他们会斤斤计较。

2. 走路常回头

有的人总是一边走路一边不停地回头看，好像后面有人跟踪一样。

这种人很容易觉得别人不信任他们、在挑战他们的权威，而且喜欢攀比，看到别人有什么好东西，就觉得自己得有更好的。

习惯贴墙走路的人，通常性格里带着几分胆怯，要想让他们果断做主，恐怕很难。

3. 贴着墙走路的人

有时候你会发现，明明道路很宽敞，周围没什么人，也没有障碍物，但有一些人就是一定要贴着墙走。其实这是一个人缺乏安全感的表现，走路时习惯找一个东西当靠山。

4. 边走边摸头发的人

一边走路一边摸自己头发的情况多出现在少男少女身上，因为这个年纪的人开始注重自己的形象，也萌生了对异性的好感。他们走路的时候不断摸自己的头发，生怕迎面的风把自己的秀发弄乱了；遇到异性，会不自觉地摸自己的头发，以吸引其目光。

习惯边走路边摸头发的人比较自恋，对自己的外貌充满信心，相信通过自己的动作可以吸引他人的注意，得到别人的喜爱。

图书在版编目（CIP）数据

微行为心理学：漫画图解版 / 吴兰芳编著．
北京：民主与建设出版社，2024. 6. -- ISBN 978-7
-5139-4641-4

Ⅰ. B84-063

中国国家版本馆 CIP 数据核字第 2024E6C749 号

微行为心理学（漫画图解版）

WEIXINGWEI XINLIXUE MANHUA TUJIE BAN

编　　著	吴兰芳
责任编辑	郝　平
封面设计	冬　凡
插图绘制	邹丽丽
出版发行	民主与建设出版社有限责任公司
电　　话	（010）59417749　59419778
社　　址	北京市海淀区西三环中路 10 号望海楼 E 座 7 层
邮　　编	100142
印　　刷	三河市万龙印装有限公司
版　　次	2024 年 6 月第 1 版
印　　次	2024 年 6 月第 1 次印刷
开　　本	720mm × 1020mm　1/16
印　　张	11
字　　数	105 千字
书　　号	ISBN 978-7-5139-4641-4
定　　价	42.00 元

注：如有印、装质量问题，请与出版社联系。